Du comportement végétal à l'intelligence des plantes ?

Quentin Hiernaux

Conférence-débat organisée par le groupe Sciences en questions
aux centres INRAE Grand Est-Nancy le 21 mai 2019
et INRAE Clermont-Auvergne-Rhône-Alpes le 24 mai 2019.

La collection « Sciences en questions » accueille des textes traitant de questions d'ordre philosophique, épistémologique, anthropologique, sociologique ou éthique, relatives aux sciences et à l'activité scientifique.

Le groupe de travail Sciences en questions a été constitué à l'Inra en 1994 — devenu INRAE le 1ᵉʳ janvier 2020 — à l'initiative des services chargés de la formation et de la communication. Son objectif est de favoriser une réflexion critique sur la recherche par des contributions propres à éclairer, sous une forme accessible et attrayante, les questions philosophiques, sociologiques et épistémologiques relatives à l'activité scientifique.

Texte revu avec la collaboration de Marie-Noëlle Heinrich et Sophie Gerber.

© Éditions Quæ, 2020

ISBN papier : 978-2-7592-3172-0
ISBN PDF : 978-2-7592-3173-7
ISBN ePub : 978-2-7592-3174-4
ISSN : 1269-8490

Éditions Quæ, RD 10, 78026 Versailles Cedex

Table des matières

Remerciements

Ce livre s'inscrit dans le cadre de mon mandat de recherche postdoctoral du Fonds national de la recherche scientifique (FNRS) de Belgique qui me finance et auquel va ma reconnaissance. Je remercie plus personnellement le groupe Sciences en questions pour son invitation, et plus particulièrement Sophie Gerber pour nos nombreux échanges et sa relecture du manuscrit. De même, ma gratitude va à Raphaël Larrère pour ses commentaires, suggestions et questions sur les versions précédentes de ce texte. Je remercie également Catherine Lenne et Bruno Moulia pour nos discussions et plus généralement les centres INRAE de Clermont-Ferrand, Bordeaux et Nancy pour leur accueil.

Préface

L'histoire commence dans la commune d'Uccle (l'une des dix-neuf communes de Bruxelles, au sud de la ville), où tu es né mais où tu n'as jamais habité. Tu as grandi plus au sud de Bruxelles, dans un village de Wallonie qui s'appelle Ittre, longtemps considéré comme le centre géographique de la Belgique. Ittre se situe près de Nivelles, ville médiévale au cœur de l'Austrasie, qui, à l'époque mérovingienne, était un royaume franc, berceau de la dynastie carolingienne. Tu as fait tes études secondaires à Nivelles.

Et les plantes dans ce début d'histoire ? Tu as appris à jardiner avec tes grands-parents, une activité qui t'accompagne donc depuis l'enfance, et tu pratiques également l'art topiaire, art qui désigne une forme de sculpture sur des végétaux vivants.

Tu t'es inscrit à partir de 2008 à l'université libre de Bruxelles (ULB), pour y commencer des études de philosophie, et tu y es resté jusqu'à présent, même si tu collabores aussi avec l'université de Liège depuis ton master. Ton orientation vers la philosophie des sciences et plus spécifiquement vers la philosophie de la biologie était déjà bien présente dans ton mémoire.

Nous nous sommes rencontrés en 2014, et nous avons échangé très régulièrement depuis ce moment-là autour de notre intérêt commun pour l'individualité végétale. Tu as soutenu en avril 2018 ta thèse de doctorat en philosophie à l'université libre de Bruxelles, sous la direction de Benoît Timmermans, philosophe des sciences. Elle s'intitule *Individuation et philosophie du végétal* ; j'ai eu le plaisir de participer à ton jury. Tu as exploré dans ce travail toutes les facettes, aussi bien sur le plan philosophique que scientifique, de la question de l'individu végétal.

J'ai notamment découvert en lisant ta thèse que dans les langues grecques et latines, les mots « forêt », « bois », « matériau », « mère » (mater) possèdent des étymologies communes. La forêt et le bois sont ainsi à la fois matrice et matériau de l'être dans l'histoire occidentale. Les racines de notre ontologie puisent donc au cœur du végétal, ces plantes qui constituent le papier de ces pages et dont il sera question dans l'ouvrage.

Tu vas nous en dire plus sur le thème du comportement et de l'intelligence des plantes, qui prend actuellement une importance médiatique notable, dans laquelle tu apparais d'ailleurs. Pour le dire brièvement, tu proposes de redonner au végétal la place qu'il a perdue face à l'animal et à l'humain, en le réinscrivant dans les relations qu'il entretient avec les animaux et les hommes.

Tu as été accueilli en juin 2018 dans notre unité de recherche, Biogeco (Biodiversité gènes et communautés, unité associant INRAE et l'université de Bordeaux) pour un court séjour de post-doctorat qui t'a permis de tester l'immersion d'un philosophe dans une unité de biologistes, afin d'échanger sur la question du comportement végétal. Tu as conduit des entretiens avec les collègues afin d'analyser le rapport des scientifiques à la question du comportement végétal. Plusieurs conceptions et positionnements autour de cette notion d'intelligence chez les plantes sont apparus lors de ces entretiens. La façon de concevoir le comportement des plantes était elle-même souvent corrélée à la conception de l'environnement et de l'éthique des scientifiques interrogés, également abordée dans le questionnaire.

Depuis octobre 2018, tu es chargé de recherches au FNRS en philosophie des sciences à l'université libre de Bruxelles. Précisons ici qu'il s'agit d'un post-doctorat à durée limitée en Belgique et non d'un poste fixe, comme dans la dénomination française. Tu assures également un cours en tant que maître d'enseignement (un mandat temporaire également) à l'ULB, dans le département de Philosophie, sciences des religions et de la laïcité. Ce séminaire, intitulé « Philosophie des pratiques de connaissance », interroge la façon dont la vie non animale remet en question une série de concepts ou de manières de penser et de pratiquer la philosophie et les sciences de la vie.

Le groupe Sciences en questions a été séduit par ton intérêt pour la philosophie et l'histoire de la biologie, et en particulier de la botanique. Tu es intervenu à diverses reprises pour défendre tes thèses lors de congrès et séminaires, tu as contribué sur ces sujets à une encyclopédie et à un dictionnaire et, parmi d'autres publications, avec ton directeur de thèse, Benoît Timmermans, tu as coordonné, introduit et préfacé un ouvrage consacré à la philosophie du végétal et justement intitulé *Philosophie du végétal* (Éditions Vrin). Tu as également édité un volume de *Textes clés de philosophie du végétal* (Éditions Vrin, à paraître). J'ai contribué aux deux ouvrages.

Le groupe a également noté ta pratique de l'interdisciplinarité, et en particulier autour des travaux récents et nombreux qui explorent le comportement des plantes. Tu t'interroges ainsi sur les difficultés et les perspectives d'associer aux plantes une notion « animale » comme le comportement. Tu te demandes en quoi cela pourrait modifier le statut des plantes dans la philosophie contemporaine, dans l'éthique environnementale et plus largement dans la société.

Il s'agira de clarifier et d'interroger les notions de comportement et d'intelligence, et de montrer comment elles se construisent à travers l'histoire et au confluent de plusieurs disciplines. Ces notions ne peuvent d'ailleurs être dissociées de leurs interrelations avec d'autres concepts comme la mémoire, la conscience, l'apprentissage mais aussi l'individualité ou l'espèce. Plusieurs orientations interprétatives, parfois contrastées, éclairent ainsi la nature des polémiques actuelles.

Le groupe Sciences en questions te remercie d'avoir accepté son invitation.

Sophie Gerber

Du comportement végétal à l'intelligence des plantes ?

Introduction

Le comportement est un concept central pour de nombreuses disciplines, la psychologie, l'éthologie, mais aussi la biologie des organismes. Qu'un dauphin, un chimpanzé ou un rat, pas si différents de nous, témoignent de comportements rationnels ne surprend pas tellement. Mais qu'en est-il des organismes jugés plus « simples », voire dépourvus de cerveau comme les plantes ? Ont-ils même un comportement ? Leur comportement se compare-t-il à celui d'espèces animales, voire à celui de l'humain ? Peut-on considérer que les plantes attribuent du sens à leur environnement ou que leurs activités résultent d'un processus de cognition ? Ces questions sont source de controverses récentes dont la plus médiatique est sans doute celle de « l'intelligence des plantes ». Au-delà des polémiques, s'interroger sur le comportement des plantes est essentiel. D'un point de vue évolutionniste, il existe une continuité entre toutes les formes de vie : l'étude du comportement en biologie ne peut donc pas arbitrairement se limiter à priori à certaines d'entre elles. Des justifications et des arguments doivent être proposés et mis à l'épreuve afin de pointer des analogies, mais aussi des différences comportementales entre espèces. Des expériences scientifiques récentes y contribuent. Sur le plan philosophique, l'étude du comportement des plantes et son interprétation amènent à repenser des concepts comme la mémoire ou la conscience, mais aussi à réinterroger ce qu'est l'esprit. Plus que de rapides slogans, ceci demande un arbitrage subtil et de la nuance entre des oppositions classiques. La philosophie permet d'examiner la tension qui se révèle, dans l'usage de la notion de comportement végétal, entre un anthropomorphisme non réfléchi et un réductionnisme scientifique certain. Réfléchir en dehors de ce clivage s'avère complexe. Ainsi, l'une des pistes de ce travail reconnaît que l'anthropomorphisme attire parfois utilement l'attention sur des sujets déconsidérés, mais avec un risque de distorsion, par exemple en attribuant des émotions ou des attitudes humaines aux plantes. À l'inverse, le réductionnisme, en rapportant l'étude d'un phénomène à ses seules causes observables, minimise le risque d'anthropomorphisme, mais contourne souvent des problèmes épistémologiques, voire éthiques ou métaphysiques, qui résident au fondement de l'étude du vivant (Canguilhem, 2015 ; Myers, 2015).

Interrogeons-nous dans un premier temps sur la nature du comportement : qu'entendent par-là philosophes et biologistes ? Quelles sont alors les spécificités du comportement végétal ? En quoi se distinguerait-il des activités d'une pierre ou de celles d'un animal ?

Ces questions nous amènent à étudier des problèmes scientifiques et philosophiques intimement liés et à les réinscrire dans leur dimension historique, souvent méconnue. En effet, philosophes et naturalistes, au moins depuis le déploiement de la botanique moderne, se sont penchés sur la nature des mouvements des plantes et sur la possibilité d'une sensibilité, voire d'une âme végétale.

Ces interrogations constituent les racines des controverses plus actuelles sur la communication, la mémoire, l'apprentissage, la conscience, la cognition ou l'esprit[1] chez les plantes. Autant de notions à repenser dans une perspective à la fois mieux informée et critique. Une lecture biosémiotique originale est plus précisément développée au terme de cette étude. Enfin, que révèle l'engouement actuel pour ces questions et à quels enjeux épistémologiques, mais aussi éthiques, peuvent-elles nous amener ?

Le comportement : considérations générales

La question du comportement est souvent abordée, de façon intuitive, selon une perspective humaine. Trois niveaux de comportement peuvent pourtant être distingués : un niveau psychique/psychologique (à priori typiquement humain dans notre

---

1. Cognition et esprit sont parfois utilisés comme des synonymes, l'usage qui en est fait ici est assez équivalent à la différence que le terme « esprit » se rapporte davantage au champ de la philosophie et a trait à quelque chose d'abstrait, voire de métaphysique, alors que « cognition » est le terme généralement privilégié par les scientifiques pour décrire des mécanismes de traitement de l'information.

tradition, mais aujourd'hui admis pour les vertébrés et quelques céphalopodes), un niveau biologique (celui de la physiologie) et un niveau physique (celui des pierres, des particules). Le niveau le plus classique pour comprendre les plantes en tant qu'organismes est le niveau biologique du comportement. L'enjeu de cette section consiste à distinguer le comportement d'une plante de celui d'une molécule ou d'un être humain, avec en toile de fond les polémiques sur les différences et les analogies avec l'animal. Toutefois, pour pédagogique qu'elle soit, cette proposition de tripartition des comportements demeure ouverte à discussion.

Commençons par distinguer le comportement du vivant de celui du non-vivant. Une première définition, très générale, permet de circonscrire le niveau biologique propre aux êtres vivants (animaux, plantes ou autres) comme une réponse active de l'organisme :

> Le terme de comportement désigne ce qu'une plante ou un animal fait, au cours de sa vie, en réponse à un événement ou à un changement dans son environnement (Silvertown et Gordon, 1989).

En quoi le déplacement d'une pierre qui subit un choc diffère-t-il d'un mouvement similaire exécuté par un être vivant ? Une pierre ou une entité physique est seulement capable de subir des événements et non d'y répondre. La nature de l'activité vivante, c'est-à-dire sa réponse, doit être précisée. Tous les organismes, y compris les plantes et les unicellulaires, répondent à leur environnement en fonction de processus internes. Cette dépendance à des mécanismes internes implique un léger retard de la réponse, contrairement à la réaction à un choc qui est immédiate. Les processus internes sont donc des causes des réponses comportementales (Dretske, 1988, p. 26-27).

Un organisme, tout comme une pierre, peut également subir un événement. Cependant, lorsqu'il y est sensible, qu'il traite l'information d'une stimulation de manière interne et y réagit de manière différée et observable, il manifeste alors un comportement. Pour qu'il y ait comportement, la réaction ne peut donc pas dépendre uniquement de la stimulation sans médiation. Cette distinction théorique est néanmoins parfois ténue en pratique. Ainsi, si je me coupe avec du verre et que je commence à saigner, l'acte de me couper est un comportement (j'ai voulu ramasser un éclat de verre). En revanche, le fait de saigner n'est pas un comportement (la blessure est subie). Par ailleurs, le fait qu'une fois coupé, mon organisme réagit et que le sang coagule témoigne bien d'un comportement. De plus, l'activité ou la passivité d'un comportement dépend en partie du point de vue adopté (Dretske, 1988). Ainsi, la description suivante d'un fait divers : « Marie-Chantal s'est fait écraser par un bus » rend compte d'une action subie et ne témoigne donc pas d'un comportement. À l'inverse, si la description stipule « Marie-Chantal, qui entreprit imprudemment de traverser la route en dehors du passage clouté, s'est fait écraser par un bus », la même situation tragique devient la conséquence observable d'un comportement. Cet exemple souligne que le comportement est un concept relatif : il dépend toujours du point de vue de l'observateur, du contexte et de la chaîne causale prise en considération. Ceci est essentiel pour saisir l'ensemble des problématiques et des polémiques entourant les comportements des plantes. Ainsi le comportement, même biologique, dépend d'une interprétation au sein d'un cadre théorique spécifique.

La méthodologie de l'étude et de l'interprétation des comportements biologiques a surtout privilégié les causes à la suite des travaux des behavioristes et de Tinbergen (1964). Il s'agit alors d'expliquer un comportement par quatre causes principales : ses mécanismes, ses fonctions, son ontogenèse (le développement) ou sa phylogenèse (l'évolution de l'espèce). Le behaviorisme développé à la suite des travaux de Watson et Skinner se définit comme une étude objective du comportement, basée sur l'observation des mécanismes stimulus-réponse, par opposition à des explications d'ordre psychique faisant intervenir des états mentaux. Ce type d'approche a été dominant en éthologie, surtout chez des organismes « simples ». L'éthologie expérimentale traditionnelle a très peu étudié les perceptions, significations ou motivations du comportement animal en adoptant ces points de vue. Un autre type d'approche est néanmoins justifié dans l'étude éthologique des animaux vertébrés comme les singes, les dauphins ou les chiens. Appréhender leurs perceptions, leurs émotions, leurs motivations à un niveau psychique pour rendre compte de leur comportement s'est révélé nécessaire. Mais cette approche non réductionniste peut aussi fort bien être appliquée à des organismes plus éloignés de nous. Ainsi, le philosophe et éthologue Jakob von Uexküll l'a théorisé à partir de la tique ou de l'oursin dans sa biosémiotique (Uexküll, 1934/2010). La biosémiotique est l'étude des significations biologiques : la façon dont un organisme interprète les informations de son milieu. Cette approche ne cherche pas à réduire l'étude d'un comportement à sa seule dimension causale observable ; elle est non réductionniste. Ainsi, selon l'approche d'inspiration phénoménologique d'Uexküll, tout organisme est considéré comme un sujet avec son propre monde dont il interprète les stimulus. Bien que des causes matérielles, fonctionnelles, développementales ou phylogénétiques puissent expliquer un comportement, cela n'en efface pas pour autant les effets sur l'animal, c'est-à-dire l'expérience qu'il a de son milieu. La biosémiotique cherche à comprendre comment un organisme perçoit et interprète son environnement de son propre point de vue (et non du point de vue de ses neurorécepteurs).

L'approche traditionnelle s'interroge donc plutôt sur le « comment » d'un comportement, alors que la biosémiotique pose aussi la question du « pourquoi » propre à l'expérience interne d'un comportement. La biosémiotique est compatible avec l'étude des réflexes mais ne s'y réduit pas. En revanche, une méthodologie réductionniste comme celle du behaviorisme, en limitant l'explication du comportement sur le modèle du réflexe, refuse de prendre en considération l'expérience ou les significations propres à un organisme. En conséquence, le behaviorisme a longtemps empêché l'observation de comportements animaux complexes. En refusant d'associer des comportements à des capacités cognitives élaborées comme le résultat d'un processus de réflexion et de décision, le réductionnisme ne se donne pas les moyens d'envisager de telles hypothèses et de créer des dispositifs pour les tester (Despret, 2009). Le behaviorisme strict ne domine à présent plus l'éthologie animale. Mais peut-on pour autant défendre une biosémiotique du comportement végétal basée sur les concepts d'Uexküll ? Cette question sera l'objet du dernier chapitre de ce livre.

Le contexte théorique influence grandement l'approche du comportement. L'histoire de l'éthologie et des sciences botaniques se révèle dès lors essentielle pour mieux comprendre le statut actuel du végétal et les controverses dont il fait l'objet ; cette histoire étant elle-même fortement influencée par notre héritage philosophique et culturel à l'égard des plantes.

Botanistes et philosophes face aux activités des plantes : approche historique

Au cours de la seconde moitié du XXe siècle, les expériences sur la sensibilité des plantes ont connu plusieurs vagues de médiatisation avec leur lot de désinformation et de théories parfois fumeuses. Les plantes seraient sensibles à la musique, elles préféreraient Mozart au hard rock, émettraient dans l'air des ondes curatives, etc. Selon l'une de ces théories emblématiques, Cleve Backster (1966), ex-agent de la CIA sans formation scientifique particulière, aurait démontré par ses expériences les aptitudes télépathiques des plantes : elles réagiraient à l'intention malveillante de l'expérimentateur s'apprêtant à ébouillanter une crevette, un détecteur de mensonges relié à la plante le prouverait !

Bien que démenties par la communauté scientifique, ces pseudo-expériences, dont les résultats n'ont jamais pu être reproduits, nous apprennent plusieurs choses. Tout d'abord, le succès commercial des livres qui en ont été issus témoigne de l'engouement d'un public qui veut croire aux pouvoirs insoupçonnés des plantes. L'amalgamer avec la fascination pour le New Age et les parasciences est trop simple, car il témoigne aussi d'un attachement et d'une volonté de connaître les plantes. Ensuite, la crainte d'être associés à des supercheries notoires a jeté un certain discrédit sur le champ de recherche du comportement végétal. Les biologistes qui travaillaient sérieusement sur les problèmes de sensibilité des plantes ont alors été tentés de se censurer. Une posture expérimentale rigoureuse, mais réductionniste, a ainsi été souvent adoptée par les rares chercheurs qui s'intéressaient à ces questions.

À l'aube du XXIe siècle, une nouvelle approche du comportement végétal, moins réductionniste et s'inspirant de l'éthologie animale, a vu le jour dans des laboratoires. Revendiquant le nom de « neurobiologie végétale » (Brenner *et al.*, 2006 ; Barlow, 2008 ; Mancuso et Viola, 2015), elle a agité la communauté des biologistes végétaux. De vifs débats très polarisés se sont construits autour de nouvelles interprétations des mécanismes de signalisation chimique, hydraulique et électrique dans les plantes. Plus fondamentalement, les neurobiologistes végétaux proposèrent par leurs programmes de recherche de réinterpréter les résultats expérimentaux en termes de communication, de mémoire, voire d'intelligence. Autant de notions jusqu'alors plutôt réservées aux humains et aux animaux dits « supérieurs » (Trewavas, 2003, 2004, 2005, 2014 ; Firn, 2004 ; Alpi *et al.*, 2007 ; Brenner *et al.*, 2007 ; Cvrcková *et al.*, 2009 ; Calvo et Baluška, 2015). Ce débat est loin d'être clos comme en témoignent de récentes publications (Taiz *et al.*, 2019 ; Calvo et Trewavas, 2020).

Historiquement, quelles sont les raisons scientifiques de ce clivage entre animaux et plantes dans l'étude de la sensibilité et du comportement ? Les arguments avancés au cours de l'histoire de la botanique ne seraient-ils pas surtout de nature philosophique ou idéologique ? Dans tous les cas, il semble exister un pluralisme interprétatif à travers l'histoire (Hiernaux, 2019)[2].

L'étude scientifique des plantes débute dès l'Antiquité avec le disciple d'Aristote, le philosophe Théophraste, considéré comme le fondateur de la botanique. Dès les premières lignes de ses *Recherches sur les plantes*, Théophraste déclare de but en blanc que « les plantes […] n'ont pas, comme les animaux, un caractère et des activités » (I, 1, 1). Bien que doté d'un sens de l'observation aigu et d'une connaissance inégalée des plantes pour son époque, Théophraste n'en demeure pas moins influencé par la philosophie de son maître, célèbre pour avoir séparé clairement les plantes des animaux et des humains en vertu des facultés de leur âme. D'après le traité *De l'âme* d'Aristote, les plantes sont uniquement capables de croître et de se nourrir, tandis que les animaux possèdent en plus la sensibilité et les humains la rationalité. Des prémices décisifs de notre hiérarchisation occidentale de l'être et des vivants (Lovejoy, 1936) se trouvent donc chez Aristote. Ainsi, même si Théophraste avait déjà établi des liens entre les espèces et leur habitat et observé des mouvements chez certaines plantes, il semble reprendre à son compte le principe selon lequel la plante, contrairement à l'animal et à l'humain, serait insensible, dépourvue d'émotion et de désir[3] et par conséquent, dépourvue de faculté intellectuelle.

L'œuvre de Théophraste s'est ensuite perdue en Occident et les sciences du vivant ne progressent plus guère au cours du Moyen Âge. Seuls les textes d'Aristote et ses traités sur les animaux circulent et font autorité. L'œuvre botanique de Théophraste n'est

---

2. Cet article reprend et développe la partie historique qui suit de façon plus technique et détaillée.

3. Platon avait quant à lui été enclin à reconnaître des désirs, des plaisirs et des peines chez les plantes.

redécouverte, traduite, imprimée et diffusée qu'à la Renaissance (Greene, 1909 ; Magnin-Gonze, 2009). Si Aristote reconnaissait une diversité de mouvements (comme la croissance, la corruption ou le changement d'état), la modernité va réduire le mouvement au déplacement local perceptible et à la locomotion animale (Marder, 2013a, p. 21). Les philosophes et botanistes modernes soulignent ainsi l'immobilité et la passivité du végétal, jugées essentielles à la distinction hiérarchique avec l'animalité. La plante est considérée comme à peine vivante et tout comportement lui est dénié.

Toutefois, nos sens, qui ne perçoivent pas de réactions de mouvement chez les plantes, au contraire des animaux, ne recoupent qu'imparfaitement l'observable d'un point de vue scientifique. Dès le XVIe siècle, plusieurs botanistes (Cordus, da Orta, Gesner) décrivent les mouvements des feuilles des légumineuses ou d'autres plantes. Mais comment rendre compte de ces activités alors que la plante doit être tenue pour insensible ? Il semble y avoir une incompatibilité entre le cadre théorique et l'observation. Qu'à cela ne tienne, les naturalistes modernes tentent une explication du mouvement des plantes tout en conservant le principe théorique de son insensibilité. Une plante se gorgerait d'eau comme une éponge ou serait attirée par le soleil comme le fer par un aimant. C'est-à-dire que des mécanismes physiques viendraient déterminer ses mouvements de l'extérieur, sans nécessité de postuler une activité et donc une sensibilité propre à la plante. Toutefois, cette hypothèse élégante en théorie se révèle inadéquate dans les faits comme en témoigne la perplexité du botaniste et philosophe Césalpin (1519-1603) qui ajoute que ni la force du vide ni la sécheresse des tiges n'expliquent davantage l'activité d'absorption de la plante (1583, p. 3-4).

Un dilemme apparaît. Soit la plante doit être reconnue sensible à l'encontre de deux mille ans de tradition de la pensée, soit le réductionnisme physique doit permettre d'expliquer les activités des plantes grâce à des lois mécaniques déterministes, mais qui demeurent inconnues et mystérieuses. Comme la tradition et l'idéologie de l'échelle des êtres pèsent parfois plus qu'une explication plus simple, l'option mécaniste a été privilégiée par la majorité des botanistes modernes. Le mécanicisme d'inspiration cartésienne qui prétend expliquer le monde uniquement à partir de mouvements et de matière ne fut d'ailleurs pas sans vertu. Il fit progresser la compréhension de la botanique du XVIIe siècle grâce à des expérimentateurs comme Mariotte, Hales ou Ray (Delaporte, 2011). Même si de nombreuses questions restent en suspens, des mécanismes hydrostatiques d'absorption et de circulation de la sève accréditent la thèse de la plante-machine. Ceci pousse le plus éminent des botanistes du xviiie siècle, Linné (1707-1778), à écrire dans une perspective tout à fait aristotélicienne : « Les Minéraux croissent. Les Végétaux croissent et vivent. Les Animaux croissent, vivent et sentent » (Linné, 1736, aphorisme 3). Linné confirme cette insensibilité de la vie végétale dans son aphorisme 133 : « Quoique les végétaux soient dépourvus de sensations, ils vivent autant que les animaux » (Linné, 1736). Le mécanicisme botanique sera radicalisé par l'un des successeurs de Descartes, le philosophe et botaniste Julien Offray de La Mettrie (1709-1751). En effet, il déduit de leur immobilité l'absence de sensibilité des plantes, comme ses prédécesseurs, mais va plus loin, puisqu'il associe le degré d'intelligence d'un organisme à son degré de mouvement (La Mettrie, 1748, p. 43-44). La Mettrie, comme d'autres naturalistes de l'époque, rapprochait ainsi l'animal et l'humain en vertu de leurs instincts et de leur faculté de locomotion et les séparait radicalement des plantes immobiles, insensibles et donc stupides. L'absence d'instinct chez les plantes ne tenait pas seulement à leur absence de mouvement, mais aussi à l'absence de sexualité et d'accouplement. Et même lorsque l'idée d'une reproduction sexuée des plantes fut peu à peu admise au cours du xviiie siècle, elle fut souvent considérée comme un processus strictement mécanique opposé à l'activité volontaire des animaux.

Bien que l'association du mouvement et de l'intelligence ne constitue pas une nécessité théorique philosophiquement ou scientifiquement fondée, elle a établi un argument d'autorité au moins jusqu'à nos jours, comme en témoigne la philosophe des sciences cognitives Patricia Churchland (citée par Calvo, 2016), qui déclare qu'une plante enracinée peut se permettre d'être stupide et prendre la vie comme elle vient (Churchland, 1986, p. 13) contrairement aux animaux dont les mouvements assurent les besoins du corps (Churchland, 2002, p. 70).

La littérature philosophique et morale s'est abondamment penchée sur l'animal et sur la différence spécifique de l'humain qu'elle n'a eu de cesse de questionner et de remettre en perspective (Afeissa et Jeangène Vilmer, 2010), mais il semble bien que la véritable fracture ontologique de notre tradition, restée largement non interrogée, se situe entre l'animalité et la végétalité. Après tout, même si nous sommes des êtres humains, nous sommes avant tout des animaux. Ces derniers partagent ainsi avec nous, logiquement, de nombreux points communs. Mais les plantes ? Un monde de différences nous sépare, un règne plus précisément. Les botanistes et philosophes de l'époque moderne ont constaté que toucher à cette frontière remettait en cause tout un édifice métaphysique et moral. Comme François Delaporte (2011) l'explique dans son histoire philosophique de la botanique moderne, accorder une sensibilité aux plantes ne demande pas seulement de remettre en jeu l'orthodoxie scientifique et philosophique, mais aussi de se poser des questions sur une éventuelle souffrance des plantes, et donc sur la façon dont les humains en légitiment le traitement.

Au XVIIIe siècle, une plante bien particulière ramenée en Europe commence à susciter l'intérêt de botanistes parmi lesquels Duhamel du Monceau, puis Desfontaines. Cette plante, la *Mimosa pudica*, communément appelée sensitive, présente des facultés extraordinaires. En effet, lorsqu'elle est touchée ou subit un choc, elle replie rapidement ses folioles et abaisse ses pétioles le long de sa tige. Desfontaines aurait même observé que lorsqu'elle était véhiculée, la sensitive s'habituait au mouvement en rouvrant ses folioles malgré le cahot continu. En outre, des substances anesthésiantes inhibaient ses réactions. Mais ces observations, plaidant en faveur d'une sensibilité et d'un comportement de la plante, furent généralement considérées comme des exceptions propres à cette espèce.

La situation change progressivement au cours du XIXe siècle. À cette époque la physiologie végétale s'institutionnalise et la question de la sensibilité des plantes peut se poser dans de nouveaux termes. A.-P. de Candolle (1778-1841) fait partie des botanistes qui contribuent à l'avancement du débat. En réalisant des expériences sur la sensibilité à la lumière, Candolle généralise sur des bases scientifiques l'idée d'une sensibilité de toutes les plantes. Mais il va plus loin, puisqu'en étudiant les rythmes circadiens[4] des plantes qui se traduisent par des mouvements périodiques réguliers, il met en évidence la possibilité de les changer. En intervertissant les jours et les nuits, l'origine et le temps de l'éclairement, les rythmes et les mouvements des plantes changent en conséquence. De plus, ces

---

4. Les rythmes circadiens sont des rythmes biologiques d'environ 24h, se manifestant diversement chez tous les organismes.

nouveaux rythmes auxquels s'accoutument les plantes persistent même plusieurs jours après le retour aux conditions initiales, témoignant par-là d'une forme de « mémoire » des plantes.

Le problème majeur à l'époque est l'absence de mécanismes connus qui pourraient rendre compte de ces comportements. Il n'y a pas de nerfs ou de muscles qui expliqueraient la sensibilité ou l'irritabilité et encore moins de cerveau qui porterait une mémoire chez les plantes. Pour beaucoup de penseurs, y compris des botanistes importants comme Lamarck, cet élément fondait un argument suffisant pour rejeter la sensibilité chez les plantes. Mais, comme le remarquèrent certains naturalistes, le raisonnement ne va pas de soi :

> N'est-il pas évident, en effet, que ce n'est point l'absence ou la présence des nerfs qui doit décider si un être possède ou ne possède pas la faculté de sentir, mais bien quelques faits saillants de son existence, ou l'ensemble des manifestations dont sa vie entière se compose ? [...] on serait en droit de le supposer, alors même que les nerfs manqueraient absolument (Boscowitz, 1867, p. 159-160).

En résumé, l'existence de la sensibilité et sa finalité ne doivent pas être confondues avec les moyens de sa réalisation chez l'animal. De là deux hypothèses s'affrontent chez les tenants d'une sensibilité végétale. Soit les plantes possèdent des structures semblables aux nerfs et à leur fonctionnement, par exemple les « fibres spirales ». Soit des mécanismes totalement différents de ceux des animaux existent. Leur découverte est cependant malaisée, puisque les scientifiques n'avaient pas de raison de chercher quelque chose qu'ils considéraient ne pas devoir exister.

Jusqu'au XXe siècle, la botanique s'illustre avant tout en tant que science descriptive, même si la physiologie végétale se développe dans des foyers pionniers comme l'Allemagne dès la seconde moitié du XIXe siècle et gagne peu à peu ses lettres de noblesse dans toute l'Europe. C'est dans ce contexte que les deux grandes hypothèses sur le fonctionnement de la sensibilité végétale progressent.

En réalité, il n'existe pas vraiment de structures analogues aux nerfs dans les plantes. Dès les années 1880, Charles Darwin et son fils Francis (Darwin et Darwin, 1880) réalisèrent des expériences sur le phototropisme qui suggéraient qu'une substance chimique hypothétique devait être à l'origine du mouvement de courbure des tiges (Bernier, 2013). Par la suite, l'auxine et plusieurs autres substances influençant les activités des plantes furent découvertes. Toutefois, les messages chimiques n'expliquent pas tout type de sensibilité ou de mouvement. En étudiant la sensitive et la dionée (*Dionaea muscipula*), une plante carnivore qui capture les insectes grâce au déclenchement d'un piège rapide, des scientifiques comme Burdon-Sanderson et Bose mirent en évidence l'existence de courants électriques dans les plantes dès le xixe siècle (Chamovitz, 2014, chap. 3). Certains aspects du fonctionnement des plantes pourraient dès lors s'apparenter à celui des nerfs chez les animaux. Darwin lui-même a comparé les mouvements de croissance des pointes racinaires à une sorte de cerveau animal décentralisé effectuant des opérations finalisées et efficaces. Cependant, l'analogie s'arrête à peu près là et les succès expérimentaux engrangés par l'étude des hormones végétales encouragèrent les biologistes à explorer plutôt la voie chimique qu'électrique. Ces découvertes chimiques de la fin du xixe siècle eurent néanmoins pour effet de remettre en question l'idée que les plantes ne seraient, selon les mots du physiologiste végétal Julius von Sachs, « qu'un produit de l'activité de la matière [...] dépourvu de vie personnelle, engendré par des forces aveugles soumises aux lois générales de la nature », car la physiologie, même végétale, ne peut être réduite à la physique, à la chimie et à la « nécessité aveugle » d'un mécanisme (Sachs, 1892, p. 188-189). Sachs, tout en rejetant le vitalisme[5], ajoute : « En outre, le but du mouvement reste une énigme que la doctrine de la nécessité aveugle est impuissante à résoudre » (*ibid.*), suggérant ainsi que l'appréhension du comportement, même végétal, ne peut être réduite à la seule étude de ses causes et de ses mécanismes.

Au xxe siècle, les progrès dans les sciences physiques contribuent sans doute à l'émergence du behaviorisme et d'un nouveau paradigme réductionniste de l'étude des comportements avec comme modèle le réflexe, le nerf et donc les animaux. Des scientifiques et des philosophes disqualifient les travaux antérieurs sur la sensibilité des plantes et réaffirment l'argument-massue selon lequel il ne saurait exister de véritable comportement sans système nerveux. Les animaux bougent, agissent et réagissent à l'environnement, mais ce serait là le simple résultat des réflexes, des hormones ou d'un programme génétique. Suivant le canon

---

5. Le vitalisme postule un principe métaphysique propre à l'organisation des êtres vivants.

de Morgan (1894), nul besoin de faire intervenir une autonomie, un esprit ou même de la cognition pour décrire les activités d'un animal si l'on peut les interpréter comme relevant de facultés de niveau inférieur. Rigueur scientifique oblige, l'hypothèse la plus parcimonieuse — l'action réflexe — doit être privilégiée pour décrire le comportement (Struik *et al.*, 2008).

Mais l'hypothèse la plus parcimonieuse n'est pas nécessairement la plus appropriée. Si certains parmi les premiers behavioristes qui théorisèrent le comportement animal ne sautaient pas le pas, l'amalgame entre la façon de décrire des phénomènes et la réalité se répandit très vite. De l'idée initiale qu'il ne fallait pas nécessairement un esprit pour rendre compte des comportements animaux, on passa à l'idée que nécessairement les animaux n'avaient pas d'esprit. Toutefois, comme l'a remarqué Daniel Dennett (1983), en biologie, et plus encore lorsqu'il est question de comportement, le réductionnisme ne s'avère pas forcément la méthodologie la plus judicieuse.

Le cadre théorique de l'éthologie behavioriste a donc contribué à une conception du vivant comme machine et au renforcement de la fracture ontologique entre l'animal et l'humain, et entre l'animal et la plante. Ce cadre de pensée a été renforcé, dès les années 1950 et la découverte de la structure de l'ADN, d'une forme de déterminisme génétique. Les comportements, surtout chez les organismes les plus simples, seraient programmés par les gènes (Jacob, 1981). De plus, les avancées de la biologie moléculaire poussèrent les scientifiques à se focaliser sur le niveau cellulaire (et les bactéries) au détriment de l'échelle de l'organisme (végétal multicellulaire), celle à laquelle se manifeste le mieux le comportement (Fox Keller, 1999, p. 254).

Certes, il existe bien une corrélation entre certains comportements et certains gènes, notamment mise en évidence chez les insectes comme les abeilles (Rothenbuhler, 1964). Mais au cours de la seconde moitié du XXe siècle, les biologistes se sont rendu compte que les comportements génétiquement programmés sont rares, plus complexes et moins univoquement déterminés qu'on ne l'imaginait (Atlan, 1999 ; Lapidge *et al.*, 2002). L'idée déterministe d'un comportement végétal entièrement programmé se révèle même particulièrement problématique dans la mesure où, chez les plantes, les comportements s'expriment surtout par la croissance. Or la croissance d'une plante, contrairement à celle d'un animal, est très largement indéterminée. Elle dépend des méristèmes qui se situent principalement au sommet des tiges et à l'extrémité des racines en croissance[6] et sont des lieux de multiplication et de différenciation continue de cellules initiales. L'organogenèse des plantes dépend aussi de facteurs contextuels. Les méristèmes ne sont pas des machines autonomes : les initiales du cortex[7] de la racine, par exemple, se différencient en fonction d'une information de position provenant des cellules plus différenciées qui les entourent, et non en fonction d'une « information intrinsèque » (Raven *et al.*, 2014, p. 574).

Au XXIe siècle, la plante semble donc bel et bien unifiée par un comportement cohérent, qui ne se réduit pas entièrement à un déterminisme génétique ou au mécanisme de chaque partie qui fonctionnerait comme les rouages d'une horloge ou d'une machine.

Le comportement chez les plantes

Comment interpréter les expériences scientifiques actuelles sur le comportement des plantes après cette mise en perspective historique ? Quels problèmes épistémologiques et philosophiques ces interprétations soulèvent-elles et comment y répondre ?

Le cadre théorique du comportement végétal est aujourd'hui encore le plus souvent restreint à l'étude des causes et des mécanismes physiologiques. Mais peut-on postuler et étudier un comportement végétal qui serait purement biologique sans intervention aucune d'un niveau « psychique » ou de compétences cognitives ? En réaction au behaviorisme mécaniste, un pluralisme explicatif s'est développé en faveur d'une forme de psychisme animal ces dernières années (Despret, 2002, 2009, 2014 ; Burgat, 2006, 2010). Une étude située des phénomènes et des controverses devrait nous informer sur la légitimité et la portée éventuelle de ce type d'interprétation chez les plantes. La difficulté devient alors de ne pas simplement animaliser ou anthropomorphiser le comportement des plantes par une transposition non critique du vocabulaire. Comment comprendre les comportements végétaux dans leur

---

6. Ces méristèmes primaires permettent l'élongation des plantes. Chez les plantes ligneuses, des méristèmes secondaires rendent également possible la croissance en épaisseur des tiges et racines.

7. Le cortex (ou parenchyme cortical) est un tissu central des tiges et des racines qui comprend les méristèmes dont il est issu.

spécificité ? Jusqu'à quel point peut-on s'inspirer de l'éthologie animale et de la biosémiotique pour les interpréter et quels problèmes cela pose-t-il ?

La dissociation de l'être et de l'action

Un premier obstacle est que chez les plantes, les comportements ne se distinguent pas clairement de l'ensemble des processus biologiques, physiologiques ou corporels :

> On peut considérer la forme [végétale] comme incluant quelque chose qui correspond au comportement dans le domaine animal (Arber, 1950, p. 3).

> Chez les plantes, en fait, la croissance assure de nombreuses fonctions que nous regroupons sous le terme de « comportement » chez les animaux (Raven *et al.*, 2014, p. 539).

Ceci constitue une difficulté théorique parce que notre tradition de pensée et son cadre épistémologique tendent à dissocier le corps et l'esprit (ou l'âme). Même si les sciences reconnaissent aujourd'hui que la pensée est corrélée à la structure du cerveau, nous continuons implicitement à dissocier l'être du corps et l'action de l'esprit. Seule l'action de l'esprit sur le corps serait le comportement ; les activités jugées strictement corporelles ou biologiques, comme les réflexes ou la croissance, ne seraient pas des comportements, car ils ne dépendent pas de l'action de l'esprit. Or affirmer que le comportement d'une plante se manifeste par sa forme et sa croissance revient à remettre en question ce rapport dualiste traditionnel.

Individualité du comportement

Une seconde difficulté réside dans l'échelle et la temporalité auxquelles est appréhendée l'unité d'un comportement. Par exemple, bien qu'un réflexe animal paraisse local dans son mécanisme, il ne prend sens que par rapport à l'intégrité de l'individu qu'il sert (Canguilhem, 1965). Cette unité comportementale correspond aussi à une unité temporelle qui est celle de la durée de vie de l'organisme. Dans une perspective évolutionniste, l'unité comportementale jugée la plus pertinente peut être ramenée à l'unité de sélection, c'est-à-dire l'entité qui survit et se reproduit en maximisant sa descendance à travers des variations héritables. Chez de nombreux animaux, par exemple, cette unité est celle de l'organisme entier dans la mesure où ses parties ne peuvent pas se perpétuer seules[8]. Toutefois, dans le cas des plantes, circonscrire ce qui constitue l'unité de l'organisme, son individualité, est problématique parce que la plante n'est pas centralisée comme l'animal. Outre le fait que les limites intuitives d'un organisme végétal ne sont pas toujours clairement perceptibles, son intégration fonctionnelle ne dépend pas d'un système nerveux central et ses divers organes possèdent une autonomie que la plupart des animaux ne possèdent pas. En vertu de la totipotence de leurs tissus cellulaires, les plantes peuvent se régénérer, voire recréer une plante entière à partir d'une partie de leur corps. Un rejet racinaire issu d'une plante mère constitue-t-il une unité comportementale à part entière s'il demeure relié à cette dernière ? S'agissant d'une population clonale de plantes génétiquement homogènes entretenant des relations physiologiques, à la manière d'un superorganisme comme l'est une colonie d'insectes sociaux, l'échelle la plus pertinente pour saisir le comportement végétal ne serait pas celle de la plante individuelle, mais bien du collectif, selon certains auteurs. À l'inverse, puisque différents éléments — partie, organe, voire cellule d'une plante — peuvent produire une nouvelle plante entière, qui peut hériter une nouvelle mutation génétique de ces éléments, les cellules végétales ou les méristèmes peuvent constituer une unité de sélection et donc le niveau privilégié pour étudier le comportement de l'ensemble, du moins dans une perspective évolutive. Ceci n'est qu'un exemple parmi les modèles biologiques multiples d'articulation du tout et des parties, de l'individu et du collectif, chez les plantes (Clarke, 2010, 2012 ; Gerber, 2018). Ce manque d'individualité de l'organisme végétal explique en partie que le modèle physiologique infra- ou supra-organique ait été très largement privilégié par rapport à un modèle éthologique.

Les activités végétales ont souvent été réduites à de l'adaptation héritable. Elles ne seraient pas de véritables comportements parce que leur cause ne serait pas propre à l'expérience de l'organisme, mais serait le résultat génétique de la sélection naturelle. En témoignant d'adaptations à une situation, les plantes ne feraient qu'actualiser passivement le potentiel du patrimoine génétique de leur espèce. Cette posture explicative, lorsqu'elle est généralisée à tout type d'activité, s'oppose à la possibilité de l'apprentissage

---

8. Chez certains animaux non vertébrés comme les coraux ou des méduses qui ont une structure coloniaire, ce n'est pas forcément le cas.

qui consiste en une adaptation active d'un organisme au cours de sa vie en raison de ses expériences passées. L'argumentation adaptationniste traditionnelle considère ainsi l'apprentissage comme une faculté complexe typiquement animale et humaine.

L'autonomie dans le comportement végétal

L'adaptationnisme radical ne suffit pas pour autant à délégitimer toute autonomie ou agentivité (*agency* en anglais)[9] des plantes, puisqu'il semble bien que l'ensemble de leurs activités biologiques ne soit pas strictement déterminé génétiquement (ni physiquement comme le pensaient des botanistes modernes), du moins pas davantage que ne le sont les comportements animaux et humains.

En outre, la structure génétique déterminée qui rend possible un comportement au cours de l'évolution (par exemple le fait qu'une plante puisse développer ou non des racines adventives[10]) ne doit pas être confondue avec la manifestation effective de ce comportement, qui n'est quant à elle pas forcément déterminée (par exemple, le fait qu'une plante va développer, une, deux ou cinq racines adventives dans telle direction et pas dans telle autre). Que certaines activités soient génétiquement programmées (comme le fait de fleurir quand la plante a reçu une certaine quantité de lumière) n'empêche en rien que d'autres activités ne le soient pas et témoignent donc bien de comportements au niveau de l'organisme (le nombre de fleurs ou la croissance d'une plante ne sont que peu déterminés). D'ailleurs, des biologistes refusent de plus en plus ouvertement l'idée que le système nerveux ou le mouvement puissent être une condition nécessaire de tout comportement (Silvertown et Gordon, 1989 ; Cahill, 2015, introduction) et certains proposent une biologie du comportement végétal impliquant des choix et des décisions en rapport avec l'environnement (Hodge, 2009). Cet usage du choix et de la décision suppose que les plantes ne sont pas complètement déterminées dans leurs actions parce que des alternatives s'offrent

---

9. Reconnaître de l'agentivité consiste à considérer qu'un être possède une autonomie propre qui lui permet d'entreprendre certaines actions et qu'il possède une expérience minimale de sa vie.

10. « En botanique, une racine adventive se dit d'une racine ou de radicelles apparaissant directement sur la tige, de façon accidentelle, fortuite et inhabituelle », <https://www.aquaportail.com/definition-3731-adventive.html> (consulté le 27 janvier 2020).

à elles, et qu'opter pour l'une ou l'autre se fait « rationnellement » dans la mesure où certaines options profitent plus à la plante que d'autres (Cvrcková *et al.*, 2016). Le choix, contrairement à une simple alternative non déterminée (d'un phénomène physique aléatoire par exemple), implique que l'organisme dispose d'une échelle minimale de valeur[11], c'est-à-dire qu'il tend à persévérer dans son être en tenant compte au minimum de ce qui importe pour sa survie et sa reproduction. Plusieurs registres explicatifs du comportement coexistent dans la littérature scientifique.

Notre tradition moderne a longtemps dénié toute autonomie biologique des plantes, les ramenant à la passivité du monde physique. L'enjeu épistémologique consiste ainsi à comprendre et répartir les comportements selon un continuum de facultés, depuis la description la plus externe et pragmatique jusqu'à des aptitudes qui réclament une autonomie interne plus ou moins grande de l'organisme. L'étude du comportement des plantes réclame des nuances et une gradation dans ces facultés. Par exemple, l'usage du choix, défini en un sens minimal ci-dessus, ne demande pas pour autant d'invoquer l'intelligence ou la conscience, seulement un degré élémentaire d'autonomie ou d'agentivité.

Dans le vivant, il semble exister des motivations ou des conduites autonomes qui se manifestent à certains niveaux et à certains moments et pas à d'autres. Ainsi, les plantes ont des conduites orientées, des besoins et des buts à leurs actions. De même, le choix d'une alternative plutôt que d'une autre dans le comportement d'une plante manifeste qu'elle leur accorde une valeur instrumentale (pour elle, l'une est mauvaise et l'autre est bonne). Or des concepts comme le choix ou la valeur ne sont pas réductibles à un mécanisme causal. L'idée est qu'à travers un comportement — du moins lorsqu'il présuppose un choix — est impliquée une signification (même non représentée) ou une valeur qui peut être accordée à différentes alternatives qui accompagnent l'action. La théorie des affordances[12] de Gibson (2014) ou la biosémiotique vont dans cette direction, dans la mesure où l'environnement d'un organisme ne lui apparaît jamais de façon neutre. Au contraire, le milieu présente des caractéristiques pouvant induire des

---

11. La valeur est ce qui oriente un choix vers une branche d'une alternative et le différencie donc du pur hasard.

12. L'affordance est l'ensemble des caractéristiques d'un objet ou d'un milieu que peut utiliser un individu pour réaliser une action.

préférences d'action qui dépendent donc de ce que l'organisme perçoit, voire anticipe, et des valeurs ou des significations qu'il lui accorde. Chez tous les êtres vivants, même les unicellulaires, l'organisme doit au moins être capable de maintenir la membrane qui le sépare de l'environnement extérieur par une régulation constante. En ce sens, tout être vivant doit avoir la notion de ce qui importe pour lui et le menace, et là résiderait un proto-esprit, une forme minimale d'intériorité (Jonas, 2001).

Cognition et représentation

La plupart des philosophes de l'esprit ou des sciences cognitives considèrent aujourd'hui qu'une plante a bien des sensations : sa sensibilité est désormais une réalité biologique attestée (Trewavas, 2014, pour une synthèse). Mais ils ajoutent qu'elle n'a pas réellement de perception et donc pas d'esprit. En effet, percevoir son environnement nécessiterait une mise en ordre des sensations par un acte mental de représentation, ce dont les végétaux, sans cerveau, seraient incapables (Maher, 2017). Toute la question devient alors : peut-on postuler une forme de cognition ou d'esprit sans faculté de représentation mentale ? La plupart des biologistes ou des philosophes considèrent explicitement ou implicitement que non, le plus souvent en liant la cognition au système nerveux central et au cerveau. Lier l'esprit à la représentation mentale est un choix théorique valable. Toutefois, il s'agit d'un postulat qui n'exclut pas la possibilité théorique inverse, à savoir qu'il peut y avoir cognition ou esprit sans la représentation. De la même façon que les nerfs pouvaient être jugés seule cause possible et condition nécessaire de la sensibilité au xixe siècle, la représentation peut être jugée seule cause et condition de la cognition ou de l'esprit. Selon cette approche « standard », la cognition ne peut pas se concevoir d'un point de vue strictement externaliste, puisqu'elle requiert des représentations mentales internalisées et la faculté de l'observateur à attribuer de telles représentations à certaines espèces et non à d'autres. Fondamentalement, il s'agit donc d'un débat épistémologique sur le rôle et la portée prêtée à l'analogie dans l'acquisition des connaissances. Pour les behavioristes les plus stricts, l'analogie de fonctionnement avec l'esprit humain ne peut être appliquée à aucune autre espèce vivante. Toutefois, on doit bien constater que l'analogie opère aussi au sein de l'espèce humaine puisque, si je peux moi-même attester de la réalité de mes états mentaux, seule la confiance dans le raisonnement analogique me permet d'attester de la réalité de ceux de mes congénères humains. En effet, même si le langage permet de communiquer plus directement entre humains sur des contenus mentaux, rien ne m'empêche de penser que les autres comportements humains sont le résultat d'une programmation complexe simulant des états mentaux similaires aux miens. Condamner la légitimité de tout recours au raisonnement analogique dans l'étude des comportements conduit donc logiquement au solipsisme.

Cognition minimale

Cependant, mettre en évidence la possibilité d'une cognition chez les plantes peut aussi s'envisager à partir de l'étude des effets d'un comportement. Tel est l'enjeu d'une partie des recherches contemporaines gravitant autour de l'idée d'une cognition minimale (Van Duijn *et al.*, 2006 ; Calvo et Baluška, 2015 ; Godfrey-Smith, 2016). Si les manifestations d'une communication, d'une mémoire, d'un apprentissage, d'une conscience ou d'une intelligence telles qu'observées chez les organismes dotés d'un cerveau pouvaient être mises en évidence à travers l'étude du comportement des plantes, ne serait-il pas légitime de postuler l'existence de ces facultés chez elles ? Certes, le sens de ces concepts s'en trouverait changé, puisque les mécanismes de leur fonctionnement différeraient probablement (pas de langage, pas de cerveau, pas de représentation, etc.) bien que leurs résultats puissent être équivalents. Après tout, ne serait-il pas envisageable et même logique que des chemins évolutifs aussi radicalement différents que celui des plantes et des animaux aient pu mener à des convergences cognitives aux causes et aux processus radicalement différents ? Ces hypothèses sont globalement celles des neurobiologistes végétaux ou du courant philosophique de l'enactivisme (Thompson, 2007)[13]. D'après l'enactivisme, toute forme de vie est dotée d'un esprit selon une gradation continue de l'unicellulaire à l'humain. La neurobiologie végétale, en tant que discipline scientifique, postule quant à elle que le comportement des plantes peut être étudié, dans le cadre d'une cognition minimale (Calvo et Baluška, 2015). Bien entendu, cette discipline est source

---

13. L'enactivisme, inspiré par la phénoménologie, fait partie du courant des 4E cognitions : *enactive* (enactive), *embodied* (incarnée), *embedded* (intégrée), *extended* (étendue). Ces courants se caractérisent tous par leur remise en cause de la conception strictement internaliste de la cognition (Rowlands, 2010).

de nombreuses polémiques puisque beaucoup refusent de parler d'esprit sans états mentaux comme les croyances ou les peurs. Mais au-delà des états mentaux complexes et des émotions attestés dans l'esprit humain (et analogiquement déduits chez les animaux), ne peut-on pas envisager des dispositions cognitives suffisamment générales comme les désirs présents chez tous les êtres vivants ? Ceci n'implique pas nécessairement de conjecturer une conscience, un libre arbitre, des facultés de raisonnement ou des intentions comme l'ont parfois émis des détracteurs de la neurobiologie végétale. Certaines aptitudes de l'esprit apparaîtraient à un niveau complexe d'organisation biologique, d'autres, en deçà, existeraient simplement sous une forme plus rudimentaire.

Parallèlement à la compréhension du comportement végétal, d'autres arguments justifient de tester l'hypothèse de travail d'une cognition végétale. Premièrement, cela induit un décentrement critique par rapport à nos modèles de pensée métaphysiques et scientifiques traditionnels. Par exemple, le behaviorisme radical, en présupposant que les animaux n'avaient aucun psychisme, n'était pas en mesure d'émettre des hypothèses et d'inventer des dispositifs expérimentaux pour tester efficacement la cognition des animaux (Dennett, 1983 ; Despret, 2009). De même, en considérant qu'un animal se réduisait à une machine insensible ou plus récemment qu'un porcelet dont on coupait la queue ne souffrait pas vraiment, toute réflexion éthique sur le sujet était évitée. L'idée que des plantes puissent exprimer des désirs ou subir un préjudice qu'elles chercheraient à éviter (sans parler pour autant de souffrance)[14] de façon active peut amener à tester de nouvelles hypothèses, obtenir de nouveaux résultats, et par conséquent, changer potentiellement nos rapports avec elles (Calvo et Trewavas, 2020). Par ailleurs, de nombreuses raisons écologiques et environnementales devraient de toute façon nous amener à plus de considérations pour les plantes (Stone, 1972 ; Hall, 2011 ; Hiernaux, 2018a).

---

14. La souffrance telle que nous la ressentons en tant qu'animaux est un état subjectif que nous déduisons chez d'autres espèces, dans l'état actuel de nos connaissances, de la présence de nerfs. La sensibilité du monde végétal n'implique donc à priori pas la souffrance, même si pour une minorité d'auteurs (comme Baluška), elle peut être envisagée chez les plantes à partir d'autres moyens, comme des récepteurs moléculaires particuliers.

Objections à la cognition végétale

Plusieurs arguments laissent penser que les végétaux sont plus complexes que des machines (sur cette position voir Firn, 2004) et que l'hypothèse d'une agentivité est au moins théoriquement légitime. Tout d'abord, certaines fonctions des plantes, si elles ressemblent à celles de machines, en diffèrent fondamentalement parce qu'elles résultent de la sélection naturelle. Or le processus de sélection et d'adaptation dépend d'une ouverture à la variabilité comportementale et tend à éliminer la rigidité d'un programme strict. Ceci laisse donc ouverte la possibilité d'une autonomie fonctionnelle de chaque organisme par rapport à la machine au fonctionnement cadenassé par son créateur, et donc hétéronome. D'un point de vue épistémologique, l'analogie de la plante avec la machine consiste à rendre compte de la complexité du vivant par la simplicité d'un modèle mécanique et à ensuite déclarer que la plante est effectivement aussi simple que la machine. C'est-à-dire que le choix du cadre explicatif présuppose et conditionne la démonstration (Calvo et Baluška, 2020). L'absence d'autonomie d'une plante ne peut donc être démontrée valablement de cette manière — ce qui n'implique pas la preuve de sa présence pour autant. Par ailleurs, si le comportement du végétal est souvent distingué de celui de l'animal, des arguments doivent pouvoir démontrer une telle rupture. Où se situe dans le vivant la frontière d'une véritable cognition ? Une souris est-elle dotée d'un esprit ? Qu'en est-il d'un homard, d'une fourmi, d'une limace ou d'une paramécie ? Entre une algue unicellulaire flagellée et un organisme unicellulaire « animal » comme un protozoaire, il n'existe pas de différence comportementale fondamentale.

Les détracteurs de la neurobiologie végétale avancent que le comportement d'une plante ne manifeste pas la même flexibilité cognitive que celui d'un animal (mais de quel animal parle-t-on ?). Ses possibilités de communication ou de mémorisation ne seraient qu'apparentes, ou pas de même nature que celles de l'animal et nous serions induits à nommer les phénomènes observés chez les plantes par métaphorisation abusive (Alpi *et al.*, 2007 ; Trewavas, 2007). Ces auteurs cherchent ainsi à renvoyer de potentielles analogies comportementales à un jeu de langage sans fondement réel. C'est ainsi que nous en arriverions à parler d'intelligence des plantes. Ce qui indiquerait avec le plus de force qu'une plante est incapable d'autonomie et de flexibilité (et donc d'intelligence), serait l'absence de faculté d'apprentissage au cours de sa vie. En opposition aux enactivistes ou aux neurobiologistes végétaux, beaucoup de biologistes ou de philosophes semblent ainsi considérer qu'il n'y a aucune faculté psychique de base partagée au sein de l'évolution du vivant depuis ses manifestations les plus élémentaires. Ces auteurs défendent que l'on rencontre plutôt des émergences spécifiques, comme la faculté d'apprentissage ou la conscience, à des endroits bien localisés dans le buisson de l'histoire de la vie, car ces émergences dépendraient de structures comme le système nerveux central (Taiz *et al.*, 2019). Comme les plantes et les autres organismes non animaux ne disposent pas de telles structures, ils ne pourraient donc pas manifester ces facultés cognitives. Néanmoins, cet argument peut être critiqué de deux manières. Premièrement, on ne peut pas démontrer qu'une faculté cognitive soit nécessairement corrélée à une structure évolutive particulière (Le Neindre *et al.*, 2018). Ensuite, même en admettant que ce soit le cas, il n'est pas possible de circonscrire une structure comme le système nerveux, à fortiori dans une seule branche de l'évolution. Cependant, attribuer à tous les vivants un psychisme et des expériences (sans parler d'émotions), même rudimentaires, sous la forme de désirs ou de rejets non représentés semble pour beaucoup un prix trop cher à payer.

Ainsi, s'inscrire dans l'hypothèse de la cognition végétale demande tout d'abord d'admettre que le réductionnisme génétique ou adaptationniste ne suffit pas à expliquer tout comportement, mais qu'il existe une autonomie minimale de chaque organisme. Cette autonomie ou agentivité repose sur des concepts comme les choix, les désirs, les besoins ou les valeurs qui constituent des dimensions minimales de l'intériorité (le système de valeurs propre à l'organisme) irréductibles à une dimension strictement matérialiste. Cette posture épistémologique est en fait celle que la plupart acceptent à l'égard du comportement humain (et pour les animaux supérieurs), à moins de penser que même le comportement humain ne témoigne d'aucune autonomie et que nos expériences se résument entièrement aux gènes, à l'adaptation et à la chimie du cerveau. Il s'agit là d'un choix fondamental qui conditionne tout le reste du raisonnement. Finalement, postuler l'existence d'un esprit et d'une cognition chez les plantes n'est ni absurde ni théoriquement intenable. Mais défendre cette thèse plutôt que son antithèse demeure à ce stade une question métaphysique. L'un des seuls arguments penchant en faveur de la négation de l'esprit chez les plantes est d'ordre méthodologique, puisqu'il s'agit du principe de parcimonie (de deux hypothèses équivalentes, la plus simple l'emporte), tandis que les arguments en faveur de l'esprit chez les plantes sont pragmatiques. Un nouvel argument méthodologique s'y ajoute, puisque postuler une cognition chez tous les êtres vivants devrait permettre de comparer différentes espèces, sans favoriser par principe l'exceptionnalisme de groupes qui auraient le monopole de certaines facultés. Plutôt que de diviser les organismes entre ceux dotés d'un esprit et ceux qui en seraient privés, ne peut-on pas envisager une gradation dans les facultés cognitives depuis une base propre à tous les organismes ? L'apprentissage, la conscience et l'intelligence ne reposeraient-ils pas, par exemple, sur des aptitudes à communiquer ou à mémoriser essentielles au vivant ? De plus, chacune de ces facultés ne peut-elle pas être entendue de diverses manières et appliquée à diverses échelles ? Au-delà des arguments de forme, des arguments de fond pourraient peser dans la balance. Dans ce but, nous allons étudier, évaluer et interpréter différentes aptitudes des plantes à travers des problèmes de communication, de mémoire, d'apprentissage, de conscience et d'intelligence. Ces facultés sont en partie interdépendantes. Elles s'organisent dans la suite selon la possibilité de les décrire à partir du moins vers le plus d'intériorité.

Les facultés cognitives des plantes ?

La communication

La communication consiste avant tout à transmettre des informations entre les différentes parties du corps, sur un plan biologique. Chez les animaux vertébrés, le système nerveux joue ce rôle principal. Toutefois, même chez les plantes, la transmission d'informations par voie chimique, hydraulique ou même électrique existe entre leurs différentes parties, comme chez n'importe quel organisme (Trewavas, 2014). Mais lorsque le comportement est envisagé dans une perspective éthologique ou biosémiotique, le niveau déterminant est celui de l'organisme comme un tout (et non celui de ses différentes parties). Dès lors, la question est de savoir s'il y a communication entre des organismes végétaux. Comment des organismes qui ne voient pas, n'émettent ni sons ni ne les entendent et ne peuvent pas se mouvoir rapidement pour échanger des contacts tactiles, communiqueraient-ils ?

Au moins depuis les années 1980 et les travaux de Rhoades (1983) ainsi que de Baldwin et Schulz (1983), l'idée d'une communication chimique volatile entre plantes a été proposée et approfondie, notamment par l'étude des échanges de signaux chimiques dans le sol, au niveau des racines (Mahall et Callaway, 1991 ; Baluška *et al.*, 2006 ; Baldwin *et al.*, 2006). Le principe est simple : certaines plantes victimes d'herbivores déclenchent un signal de défense en relâchant des substances volatiles (comme l'éthylène ou le jasmonate de méthyle) dont la fonction avertit leurs autres feuilles, voire les autres plantes de la même espèce situées à proximité. À la réception du message chimique, les autres feuilles ou plantes enclenchent des réactions de défense en produisant des tanins ou d'autres substances toxiques qui rendent les feuilles indigestes pour un éventuel prédateur. L'un des exemples les plus relatés (mais paradoxalement parfois de façon discutable ; Delattre, 2019)[15] de la littérature botanique contemporaine est celui des acacias qui ont tué par empoisonnement les koudous (une espèce d'antilope) d'une réserve (Hallé, 1999, p. 164-165). D'autres exemples de réactions défensives mieux documentées semblent aujourd'hui accréditer la communication aérienne entre plantes (Holopainen et Blande, 2012 ; Karban, Yang et Edwards, 2014). Non seulement les plantes peuvent communiquer de l'information à leurs congénères, mais en plus elles peuvent aussi communiquer avec d'autres espèces, notamment des insectes[16] ou des champignons avec lesquels elles vivent en symbiose (Bournerias et Bock, 2006, p. 191-192 ; Selosse, 2017). Des plantes réagissent par exemple à la salive des insectes qui mangent leurs feuilles en diffusant un message chimique spécifique qui a pour effet d'attirer le prédateur de l'herbivore. Des communautés de plantes communiquent même

15. Je remercie Catherine Lenne d'avoir attiré mon attention sur l'article d'Adrien Delattre (2019). Ce dernier réévalue de façon critique l'histoire scientifique nébuleuse des acacias et des koudous, qui a souvent été relayée de manière approximative et variable par des médias ou des ouvrages de vulgarisation.

16. Il existe une autre anecdote surprenante sur la façon dont certains acacias peuvent « asservir » des colonies de fourmis. Dans ce cas extrême de mutualisme, l'acacia sécrète une substance sucrée dont se nourrissent les fourmis et qui inhibe leurs enzymes de digestion du sucre classique (le saccharose). Ceci les oblige à rester sur leur source de nourriture et à la défendre sous peine de mourir de faim : <https://www.lemonde.fr/passeurdesciences/article/2013/11/20/comment-un-arbre-mene-des-fourmis-a-l-esclavage_5998958_5470970.html> (consulté le 27 janvier 2020).

par l'intermédiaire d'un réseau mycorhizien[17] commun, échangeant carbone, eau, nutriment et informations de diverses natures (Song *et al.*, 2010 ; Babikova *et al.*, 2013 ; Schulze et Mooney, 1994 ; Selosse *et al.*, 2007 ; Garbaye, 2013). Cependant, des scientifiques (Chamovitz, 2014 ; Tassin, 2016) considèrent qu'il ne s'agit pas là de communication authentique. Selon Chamovitz, les messages chimiques diffusés dans l'air auraient pour fonction de communiquer plus rapidement de l'information au sein d'une même plante, et ce n'est que par accident que d'autres plantes recevraient le message d'alerte (Heil et Silva Bueno, 2007). Le message n'a pas pour but premier sa transmission à une autre plante, il n'y a pas d'intention d'alerte. De même, l'écologue Jacques Tassin (2016, p. 62), en liant communication et intention conclut que les plantes ne communiquent pas, tout en renforçant l'idée qu'elles n'auraient aucune forme de cognition ou d'esprit.

Mais élever l'intention au rang de condition nécessaire de la communication pour la dénier aux plantes est un argument discutable. D'une part, l'intention est un concept philosophique indémontrable (on ne peut jamais que la supposer), ce qui rend une définition de la communication basée sur cette dernière assez inopérante dans le domaine scientifique. De plus, le concept s'avère problématique même dans le cadre de la communication interpersonnelle. Si j'ai l'intention de communiquer de l'information, mais que ma lettre s'égare, il n'y a pas communication. Inversement, si je n'ai pas l'intention de divulguer une lettre d'insulte adressée à mon voisin écrite pour me défouler, mais que la lettre est portée à son attention, il y aura bien communication.

Si l'on souhaite lui conférer une portée scientifique moins subjective, la communication inter-plantes peut aussi bien être définie et jugée sur son fonctionnement et ses effets (Karban, 2008 ; Delattre, 2019). La communication se définit ainsi plus généralement comme l'échange d'un message entre un émetteur et un récepteur. Il s'agit d'un processus entre deux individus (ou plus) qui nécessite la sensibilité à un signal et un traitement de l'information reçue qui déclenche une réaction. Cet échange d'information peut être unidirectionnel, il n'implique pas

---

17. Les mycorhizes sont les structures symbiotiques qui résultent de l'association des racines d'une plante et d'un champignon.

nécessairement une réponse en retour. Toutefois, pour qu'il y ait véritablement communication, l'émetteur doit être susceptible de devenir un récepteur et vice-versa. Ceci explique qu'une plante qui émet de l'information reçue par une autre plante communique avec cette dernière (même sans recevoir un signal en retour), mais qu'une plante qui reçoit de l'information lumineuse du Soleil ou d'une lampe ne communique pas avec ces derniers. La communication ne peut donc pas être caractérisée objectivement par les intentions de l'émetteur ; en revanche, elle peut l'être par la source de l'information, sa réception, son traitement et les conséquences observables entraînées.

Chez les plantes, comme chez les insectes et de nombreux autres animaux, les effets d'une telle communication sont observés. Que le message chimique ait eu initialement une fonction interne différente et ait ensuite été détourné par la sélection naturelle à des fins de communication n'enlève rien à la communication telle que définie ci-dessus. Ainsi, les comportements de communication des plantes peuvent se comprendre comme atteignant des récepteurs, mais d'une façon non intentionnelle.

De même, la communication ne présuppose pas nécessairement le langage. Plantes et animaux (et dans une certaine mesure les humains) communiquent sans recours au langage qui suppose la représentation grâce à une information de nature symbolique. Puisque certains messages suscitent une réaction de la plante et d'autres non, nous pouvons raisonnablement penser que certains ont une signification et d'autres n'en ont pas. Or la signification, sans impliquer une quelconque représentation ou tout autre état mental (comme l'intention), pourrait constituer une marque élémentaire de l'esprit tel que l'envisagent les enactivistes ou les neurobiologistes des plantes.

Une lecture strictement adaptationniste fait l'économie de l'expérience de la signification chez les plantes. Les phénomènes décrits sont conçus comme une optimisation évolutive de transferts d'information. Nous voyons que nous sommes donc ici ultimement reconduits au choix initial d'assumer ou non le réductionnisme méthodologique, sachant que ce dernier n'est pas non plus exempt de problèmes.

La mémoire et l'apprentissage

Avec les arguments adaptationnistes classiques développés au XXe siècle, notre enquête revient à l'idée que les plantes seraient programmées par les résultats de la sélection naturelle, ce qui expliquerait leurs réactions optimisées à leur environnement sans véritable autonomie de l'organisme. La variabilité de la plante observée ne résulterait jamais d'une interprétation de ce qui a pour elle une signification dans les objets et les événements de son environnement, mais de réactions automatiques. Les plantes hériteraient seulement d'innovations comportementales, mais ne pourraient pas adapter leur comportement au cours de leur propre vie ; seul l'apprentissage témoigne d'une telle flexibilité et d'une authentique autonomie de l'organisme. L'apprentissage se trouve en effet au cœur de la variabilité comportementale, là où la communication pouvait être comprise uniquement comme le résultat de la sélection naturelle. Selon cette interprétation, un organisme pourrait ainsi communiquer sans être pour autant capable d'intégrer de nouveaux types de signaux ou de les interpréter différemment au cours de sa vie.

L'enjeu devient dès lors de savoir s'il existe ou non de l'apprentissage chez les plantes. Si tel était le cas, l'explication adaptationniste ne pourrait plus être systématisée à tous les types de comportements innovants apparemment orientés vers un but. En effet, l'apprentissage est un changement d'état interne à l'organisme qui acquiert un contrôle sur les effets d'un comportement ou les modifie. Plus précisément, suivant la définition d'Okano *et al.* (2000), l'apprentissage est un processus de mémorisation d'information qui permet des changements adaptatifs dans le comportement d'un organisme en réponse à son expérience. L'apprentissage est ainsi intimement lié à la mémoire. Se demander si les plantes sont capables d'apprendre présuppose donc d'abord l'existence d'une mémoire.

La mémoire

Démontrer une mémoire demande d'observer une réponse différée à un stimulus au-delà du temps de réaction d'un réflexe ou de la simple irritabilité. Ceci implique une certaine notion du temps pouvant même aller dans le sens d'une conscience basique :

Les feuilles de certaines plantes, telles que *Lavatera cretica*, peuvent anticiper la direction du lever du Soleil, même après qu'on les a empêchées d'en tracer la course pendant plusieurs jours. La combinaison de mémoire et d'anticipation est cohérente avec la description phénoménologique du temps comme la rétention d'un « moment-présent » passé et la projection dans un « moment-présent » futur par un sujet conscient. Le sens de l'espace demeure incomplet autrement, sans sa dimension temporelle de l'expérience (Marder, 2012, p. 3).

Sans aller jusqu'à invoquer un parallèle avec un sujet conscient, comment comprendre le phénomène de mémoire dans une optique scientifique ? Le biologiste Michel Thellier (2015) explique que la mémoire des plantes se manifeste selon trois fonctions : le stockage (mémorisation de l'information), le rappel (réactivation de l'information) et l'inhibition (sélection de l'information réactivée ou non). Cette mémoire est-elle semblable à celle des humains et des animaux ?

Selon les expérimentations, l'information peut être stockée, réactivée et même héritée à un niveau cellulaire chez les plantes. Le botaniste Jean-Marie Pelt (1996, p. 170-173) cite par exemple une expérience menée sur la bryone, une plante grimpante, qui réagit aux agressions (ici un frottement) à hauteur d'un entre-nœud par une lignification accrue. Si ces cellules de l'entre-nœud en état de défense sont prélevées et cultivées dans un milieu de culture, puis que de nouvelles cellules issues de ce premier milieu sont cultivées dans un nouveau milieu et ainsi de suite, la lignification de ces cellules reste plus importante que la normale jusqu'à la quatrième génération. Comme si les cellules végétales « se souvenaient » du signal d'agression initial dont elles héritaient. Elles en gardent la trace sous forme d'information cellulaire (Bourgeade *et al.*, 1989). La perpétuation de messages d'inhibition acquis face à des stress a aussi pu être mise en évidence chez d'autres plantes (Trewavas, 2014). Ce type de mémoire intergénérationnelle est vraisemblablement dû à des modifications épigénétiques.

Toutefois, d'aucuns considèrent que la mémoire doit nécessairement être liée à la présence d'information forte, c'est-à-dire sémantique, et elle ne peut être déduite des traces d'information faible (épigénétique par exemple), non sémantique, stockée par les plantes (voir Maher, 2017, p. 85-88). En somme, la mémoire « véritable » requerrait au minimum une mémoire sémantique. Or les plantes stockent et rappellent de l'information faible qui, à la différence de la première, ne peut être faussée puisqu'elle n'est ni formulée ni même représentée. En ce sens, même si les plantes stockent et restituent de l'information, elles ne disposeraient pas véritablement de mémoire, de la même façon qu'une pierre peut stocker de la chaleur pour ensuite la restituer. Elles ne feraient que conserver des traces (Tassin, 2016) comme le sol le fait d'une empreinte[18]. Selon ce raisonnement, la clef de voûte de l'esprit reste la représentation mentale qui repose sur de l'information sémantique.

Par ailleurs, en admettant un esprit sans faculté de représentation, il devient tout à fait possible d'accepter que la rétention d'information au sens faible atteste d'une mémoire. Cette distinction recoupe d'ailleurs la façon dont la philosophie antique et médiévale distinguait la mémoire comme *anamnèsis* de la mémoire comme *mnèmè* (Simondon, 2004). Selon Aristote, certains animaux « assez élevés dans la série des vivants » sont caractérisés par la *mnèmè* : une mémoire directe ou spontanée, ou encore passive. Celle-ci s'oppose à l'*anamnèsis* « réservée à l'homme car elle suppose remémoration, conscience, effort pour se rappeler » (Simondon, 2004, p. 44). L'*anamnèsis* est la faculté de mémorisation ou de remémoration consciente. La langue française ne fait pas de distinction entre ces deux facultés ; or elle s'avère primordiale pour interpréter les comportements des végétaux. Il est en effet crucial de pouvoir étudier philosophiquement la mémoire des plantes tout en se détachant de la notion de conscience, explicitement rejetée par la plupart des botanistes. Contrairement à ce qu'Aristote pensait (et vraisemblablement Simondon), la science contemporaine nous a appris que tous les êtres vivants sont dotés de *mnèmè*, même les plantes, et qu'un grand nombre d'espèces de vertébrés sont aussi dotés d'*anamnèsis*.

Ne pas distinguer ces deux formes de mémoire peut conduire à manquer de nuance. Ainsi, tout en reconnaissant les expériences menées sur la mémoire végétale, l'écologue Jacques Tassin conclut simplement à son absence (Tassin, 2016, p. 77-95) :

---

18. L'empreinte d'une feuille fossile stockée dans une pierre n'est ni vraie, ni fausse, elle se trouve simplement là (ou non), contrairement à ma représentation mentale exprimée par la proposition « Il y a une empreinte de feuille fossile stockée dans cette pierre » qui peut quant à elle être sémantiquement vraie ou fausse, car dans le processus de représentation je peux mal percevoir ou mal traiter l'information.

> [La plante] intègre indubitablement un événement passé dans une réponse apportée à un nouvel événement. Mais se souvient-elle ? Il semble plus approprié de conclure avec sobriété que la plantule garde la trace de blessures sous la forme d'informations présentes durant quinze jours, et capables d'interférer avec d'autres informations (Tassin, 2016, p. 85).

L'argument principal de Tassin est que nous confondrions une simple trace avec la mémoire véritable consistant à « se souvenir ». Mais la mémoire ne peut être entièrement assimilée au fait de se souvenir qui implique la représentation et la conscience. Trois formes de mémoire existent chez les humains (Tulving, 1985 ; Sternberg et Sternberg, 2017 ; Michaelian et Sutton, 2017). La mémoire épisodique concerne les événements et donc les souvenirs. La mémoire sémantique a trait aux concepts et à l'information en général. La mémoire procédurale est une mémoire d'apprentissage qui permet d'enregistrer des séquences d'opérations. Les fonctions de stockage, de rappel et d'inhibition des plantes indiquent plutôt une forme de mémoire procédurale. La remémoration consciente (l'*anamnèsis*) à laquelle se réfère Tassin atteste de la mémoire épisodique (et sémantique) propre aux humains et à certains animaux[19]. Cette conception de la mémoire basée sur la conscience et la représentation est celle que notre tradition philosophique moderne a presque exclusivement retenue. Les distinctions antiques et médiévales entre *mnèmè* et *anamnèsis* ont été effacées au profit d'une définition de la mémoire comme : « Fonction psychique consistant dans la reproduction d'un état de conscience passé avec ce caractère qu'il est reconnu pour tel par le sujet » (Lalande, 1996, p. 606-607). Une telle approche subjectiviste est d'ailleurs lourde de conséquences pour l'interprétation de l'ensemble des comportements végétaux (communication, apprentissage, intelligence) comme en témoigne la position de Tassin :

> L'intelligence est la capacité à ajuster son comportement au cours de la vie. Elle suppose une aptitude à choisir, liée à une faculté d'apprentissage que n'autorise qu'une mémoire véritablement intégrative qui, sachant se souvenir, sait affronter une situation nouvelle. Or rien n'en révèle la présence chez la plante, où l'on ne distingue au mieux que des traces plus ou moins persistantes. Non,

---

19. Selon Tulving (1985), il y aurait une gradation entre ces différentes formes de mémoire qui correspondraient à l'émergence de niveaux de conscience dans le vivant.

la plante n'est assurément pas intelligente. Elle ne mémorise rien, ni ne prévoit, et répond au modèle de Hegel d'un être condamné à l'immédiateté (Tassin, 2016, p. 120).

Le poids de notre tradition philosophique occidentale moderne, selon laquelle avoir un esprit réclame de pouvoir se représenter les choses par des actes mentaux, se révèle à nouveau ici. Or l'aptitude à enregistrer de l'information en vue de la remobiliser ultérieurement dans les intérêts de la plante n'est-elle pas justement une forme plus objective de la mémoire ? C'est du moins la première et la plus générale des cinq acceptions qu'en donne *Le Petit Larousse illustré* : « Activité biologique et psychique qui permet d'emmagasiner, de conserver et de restituer des informations » (2002, p. 642). La plante exprime alors plus qu'une simple trace. Une pierre qui conserve la trace d'un choc, est incapable de l'inhiber ou de la réactiver ultérieurement comme le ferait n'importe quel organisme qui adapte son comportement en fonction d'une situation différente ou équivalente. La pierre peut être amenée à restituer de l'information emmagasinée (en roulant, se refroidissant ou se brisant par exemple), mais les informations d'une pierre ne sont intégrées et régulées par aucune finalité et donc par aucun système de valeurs. En revanche, une plante de jours longs, par exemple, fleurit lorsqu'elle détecte et enregistre un stimulus lumineux dans le rouge, mais en plus de garder le signal en mémoire sous forme d'information cellulaire, elle peut inhiber sa réaction de floraison si un nouveau stimulus lumineux dans le spectre du rouge lointain est ensuite perçu (Chamovitz, 2014, p. 33 ; voir aussi Raven *et al.*, 2014, p. 668-678, pour un exemple équivalent à propos de la germination de graines). Il y a ainsi rétention, mais aussi traitement et gestion coordonnée des informations selon les intérêts de la plante (ici le moment optimal pour fleurir). En cela, la mémoire est bien une activité biologique et psychique : les plantes témoignent d'une mémoire, mais pas les pierres (même si plantes et pierres enregistrent seulement de l'information au sens faible). La mémoire est un processus global qui repose sur la sensibilité. Le stockage, le rappel ou l'inhibition de l'information dépendent de ce qui a du sens ou de la valeur pour l'organisme. En outre, la conséquence de la mémoire peut être l'apprentissage, ce dont une pierre, bien qu'elle intègre aussi de l'information faible, est totalement incapable.

L'apprentissage

L'apprentissage est souvent vu à priori comme une faculté typiquement animale. La flexibilité comportementale qu'il autorise l'opposerait aux explications strictement génétiques ou adaptationnistes et pourrait donc suggérer la présence d'une forme de cognition ou d'esprit. Selon une perspective traditionnelle comme celle de Staddon (1983, p. 395), l'apprentissage serait même corrélé à la taille et à l'espérance de vie des espèces : les organismes « simples » ne pourraient pas apprendre, car ils sont dépourvus de mécanismes neuronaux, mais aussi parce qu'ils ne vivent pas assez longtemps pour se confronter à des niches différentes et exploiter ce qu'ils apprendraient. Ceci constituerait un argument pour réserver l'apprentissage aux animaux supérieurs.

Toutefois, l'argument souffre plusieurs critiques. Premièrement, ce n'est pas la structure (neuronale) qui compte pour l'apprentissage, mais son résultat, c'est-à-dire que l'information est enregistrée, remobilisable et modifie en conséquence le comportement. Deuxièmement, des expériences ont démontré que tous les organismes, même très petits et à l'espérance de vie très courte comme les bactéries, apprennent (Kawecki, 2010). Troisièmement, même en prenant la taille et l'espérance de vie comme un argument, nous devrions en conclure que certaines plantes comme les arbres apprennent, puisque leur longévité et leur taille sont souvent importantes. Les plantes vivaces ne se déplacent certes pas dans leur environnement, mais leur durée de vie peut les amener à devoir s'adapter à de nouvelles niches au cours de leur existence.

Pourtant, la possibilité d'un apprentissage chez les plantes a suscité de virulentes réticences, plus encore que la mémoire. Le journaliste Michaël Pollan le relate lors de sa participation à un symposium de biologie végétale, où Monica Gagliano, biologiste, présentait ses expériences sur le sujet :

> Sur le chemin de la sortie de la salle de conférence, je suis tombé sur Fred Sack, un botaniste éminent de l'University of British Columbia. Je lui ai demandé ce qu'il pensait de la présentation de Gagliano. « Des conneries » [*Bullshit*], a-t-il répondu. Il a expliqué que le mot « apprentissage » impliquait un cerveau et devait être réservé aux animaux : « Les animaux peuvent montrer de l'apprentissage, mais les plantes développent des adaptations [*evolve adaptations*] ». Il faisait une distinction entre des changements de comportement qui surviennent dans la vie d'un organisme et ceux qui apparaissent

à travers les générations. Au dîner, je me suis assis à côté d'un scientifique russe tout aussi méprisant. « Ce n'est pas de l'apprentissage », a-t-il dit. « Donc il n'y a rien à débattre. » (Pollan, 2013)

Retour à l'une des idées fixes de la controverse : les plantes ne seraient pas capables de s'adapter individuellement au cours de leur vie (apprentissage), mais s'adapteraient uniquement grâce à la sélection naturelle. Ne serait-on pas confronté ici à une sorte de dogme biologique ?

Poser la question invite en tout cas à prendre en considération la problématique éthologique de l'apprentissage par habituation des plantes. L'habituation se présente sous deux formes : l'accoutumance et la sensibilisation. L'accoutumance consiste à apprendre à ignorer un stimulus potentiellement négatif, mais inoffensif (ou à minimiser sa réaction face à celui-ci). La sensibilisation consiste quant à elle à anticiper un stimulus dangereux. Ces formes d'apprentissage existent elles chez les plantes ?

Des découvertes récentes suggèrent que les plantes, comme les animaux, disposent de mécanismes généraux d'apprentissage :

> Les plantes qui ont été stimulées modifient leur façon de répondre à une nouvelle administration du même (ou parfois d'un autre) stimulus. C'est ce que l'on peut appeler une mémoire de type « apprentissage ». Le mot « apprentissage » risque de paraître incongru dans son application à un végétal ; mais on l'utilise bien, maintenant, pour un logiciel, un robot ou toute machine, alors, pourquoi pas pour une plante ? (Thellier, 2015, p. 45-46).

Les modalités d'apprentissage étudiées chez les plantes seraient corrélées à des modifications épigénétiques induisant un changement d'état interne et un comportement nouveau, plus adapté à une situation récurrente. À titre d'illustration, la plante modèle *Arabidopsis thaliana* réagit à un choc de froid par une augmentation du calcium cytosolique[20] ; cependant la réaction est atténuée si la plante a subi préalablement un traitement par le froid prolongé ou répété. Ceci n'est qu'un exemple parmi les nombreux types répertoriés (Thellier, 2015, p. 61). Il s'agit donc

---

20. Les ions calcium Ca^{2+} présents dans la partie liquide du cytoplasme cellulaire (le cytosol) des plantes jouent un rôle important dans la réponse biologique à des stimuli environnementaux par l'intermédiaire de l'activation de certains gènes (Xiong *et al.*, 2006).

d'apprentissage cellulaire ou corporel assez différent de notre acception anthropologique ou même animale de cette fonction.

À partir de ces expériences physiologiques, Gagliano *et al.* (2014) se sont demandé s'il était possible d'entraîner des sensitives afin d'induire une réaction comportementale par apprentissage directement observable. La sensitive serait une bonne candidate à l'habituation, car elle peut refermer ses folioles à la suite d'un contact ou d'un choc (thigmotropisme) perçu comme dangereux (car il est à priori corrélé à la présence d'un prédateur). Toutefois, ce mécanisme a un coût : une baisse de 60 % du rendement photosynthétique des folioles refermées (en plus de la dépense énergétique de la réaction). Selon l'hypothèse de travail, la sensitive a tout intérêt à apprendre à ne pas fermer ses folioles (ou moins longtemps) en réaction à un contact inoffensif pour éviter une perte de rendement photosynthétique inutile. Grâce à un dispositif ingénieux dispensant des chocs réguliers à des sensitives en pots et pas à celles d'un groupe témoin, l'hypothèse de cette habituation a été testée. Une accoutumance significative du groupe expérimental est observée. Elle se traduit par une diminution du temps de fermeture des folioles après une série de chocs. Mais ne s'agit-il pas là plutôt simplement d'une réaction de fatigue ou d'une perte d'énergie des plantes stimulées ? Les expérimentateurs réfutent cette hypothèse de deux manières. D'une part, les sensitives accoutumées aux chocs peuvent retrouver immédiatement leur réaction habituelle si la nature du stimulus change (par exemple si elles sont touchées plutôt que secouées). D'autre part, la nouvelle réaction est un apprentissage, car elle est gardée en mémoire par la plante jusqu'à 28 jours après le processus d'accoutumance, et ce en l'absence de toute nouvelle stimulation (Gagliano *et al.*, 2014). Ce type de comportement impliquant la mémoire et l'apprentissage, bien qu'opérant à un niveau cellulaire, a des effets semblables à celui d'un animal doté d'un système nerveux.

D'un point de vue philosophique, l'absence d'apprentissage chez les plantes aurait constitué un argument pour distinguer leur comportement de celui d'animaux dotés d'un esprit et de facultés cognitives. Or un phénomène d'accoutumance équivalent existe chez les animaux et les plantes (en tout cas chez les espèces testées) en plus d'un phénomène d'essais et d'erreurs. Darwin avait déjà observé que des plantes grimpantes tâtonnent jusqu'à trouver le support idéal et peuvent même en changer en cas d'erreur d'appréciation (si ce dernier est jugé trop lisse ou qu'il s'agit d'une autre vrille de la plante). De même, la cuscute, une plante parasite, peut changer d'hôte en cas d'erreur (Kelly, 1992 ; Trewavas, 2014, chap. 9). Cette aptitude à discriminer et à s'adapter par essai et erreur à son environnement par des choix et des décisions existerait chez toutes les plantes à travers la recherche et l'optimisation de niche (Turkington et Harper, 1979 ; Trewavas, 2003). Les plantes ne se contenteraient ainsi pas seulement d'habituation passive, mais apprendraient activement en explorant leur environnement.

En outre, le comportement végétal ne peut plus simplement être renvoyé du côté d'une simple causalité physique, comme pouvait l'être dans une certaine mesure la mémoire, puisqu'il n'existe dans le monde physique aucun analogue à l'apprentissage — contrairement à l'intégration et à la restitution d'information faible dont peut témoigner une pierre sans disposer pour autant d'une véritable mémoire. Ceci explique sans doute pourquoi le vocabulaire de l'apprentissage suscite plus de blocage et d'offuscation que celui de la mémoire : les travaux de Gagliano ont été refusés dans plusieurs revues au motif du vocabulaire employé sans que la fiabilité des données ne soit remise en cause.

Si les plantes témoignent bien d'apprentissage par accoutumance, il se pourrait que l'apprentissage par sensibilisation soit propre à certains animaux. Une expérience récente de Gagliano *et al.* (2016) sur le pois conclut toutefois à une forme d'apprentissage par association chez les plantes[21]. Des pois préalablement entraînés à associer une source lumineuse à un courant d'air provenant de la même direction orientent ensuite leur tige préférentiellement vers le courant d'air, même en l'absence de lumière ; cette association du courant d'air et de la source lumineuse ne s'observe pas chez les pois du groupe témoin. Cette capacité d'apprentissage traditionnellement réservée aux animaux revalorise ainsi les facultés cognitives des plantes. Cependant certains scientifiques ont mis en cause la méthodologie et la reproductibilité des résultats (Taiz *et al.*, 2019). Jusqu'à présent, surtout auprès du grand public, deux autres facultés cognitives ont plus encore occupé le terrain des disputes au sujet des frontières de l'esprit : la conscience et l'intelligence.

---

21. Je remercie Bruno Moulia d'avoir attiré mon attention sur cette expérience.

La conscience

> La raison de la controverse entourant l'application du mot
> « intention » au comportement d'organismes provient certainement
> du fait que l'intention humaine implique communément l'action
> consciente et la conscience est jugée sur l'idée que seuls des
> organismes très similaires à nous-mêmes peuvent être conscients
> (Trewavas, 2014, p. 90).

Si nous admettons la conscience comme condition nécessaire de
l'esprit, alors les plantes, comme la plupart des animaux, en
semblent dépourvues. En effet, la conscience se définit
classiquement comme une faculté qui « suppose une opposition
nette de ce qui connaît et de ce qui est connu, et une analyse
de l'objet de cette connaissance » (Lalande, 1996, « conscience »,
p. 174). Bref, il s'agit ici d'une forme de conscience de soi
introspective, capable de se reconnaître comme sujet pensant ou
percevant. Difficile d'imaginer qu'une plante puisse exprimer un
tel ego cartésien. Pendant longtemps, cette aptitude a d'ailleurs
été réservée à l'être humain mais des expériences, entre autres
basées sur le test du miroir, ont démontré que des oiseaux, des
primates et d'autres mammifères se reconnaissent comme sujets de
perception (Despret, 2014, p. 169-179)[22]. Une expertise collective
récente sur les formes de conscience chez les animaux se basant
sur leurs aptitudes cognitives et leurs mécanismes neurologiques a
plus largement mis en évidence que de nombreux vertébrés (mais
pas seulement) disposaient d'une conscience d'accès[23], d'une
conscience de soi introspective et sociale et d'une conscience de
l'état de leur savoir (Le Neindre *et al.*, 2018). Les plantes ne
sont à priori pas dotées de conscience réflexive (permettant la
connaissance de ses émotions, de sa place dans une organisation
sociale, de ses perceptions, de ses savoirs ou de ses actions :
consciousness en anglais). En effet, cette faculté nécessite la
représentation mentale. Suffit-il dès lors d'invoquer la conscience
pour établir définitivement les limites d'un ordre psychique animal
du comportement distinct d'un niveau bassement biologique du
comportement ?

---

22. Des expériences sur les primates ont aussi mis en évidence le fait qu'ils
avaient des intentions et étaient capables d'en prêter à leurs congénères
(Despret, 2014, p. 133-144).

23. La conscience d'accès est la capacité à utiliser des représentations dans un
comportement, qu'il soit de l'ordre de la relation à l'environnement ou de la
communication (Proust, 2003, p. 164).

La philosophie reconnaît en réalité plusieurs formes de conscience (elles-mêmes relativement interdépendantes). À côté de la conscience réflexive existe une conscience spontanée, c'est-à-dire une conscience immédiate de son environnement (Lalande, 1996, *ibid.*). L'existence d'une telle conscience (*awareness*) chez tous les êtres vivants et donc chez les plantes a été défendue par certains scientifiques (Margulis et Sagan, 1995 ; Chamovitz, 2014 ; Trewavas, 2014, chap. 25). Les plantes ont ainsi conscience du type de lumière ou de contact, de la gravité et des signaux chimiques qui les atteignent, de leurs expériences passées et des conditions de leurs modifications physiologiques antérieures (Chamovitz, 2014, p. 166).

Cependant, cette « conscience » du milieu revient dans les faits à traiter les informations issues de son environnement (ou, lorsqu'il est question de mémoire, à raviver une information passée). Ceci explique que tout organisme sensible soit doté de ce niveau de conscience. Des modalités plus précises que cette conscience spontanée existent-elles chez les plantes ?

Des formes de reconnaissance de soi (une conscience corporelle ou « sociale »), qui impliquent plus que la simple connaissance immédiate de l'environnement, invitent à s'interroger sur une forme intermédiaire de conscience. De telles facultés se manifestent de diverses manières qui demandent toutes de posséder au minimum un système de valeurs différenciant le soi et l'environnement de la plante.

Des expériences ont démontré que de nombreuses espèces de plantes ne réagissent pas de la même façon si l'une de leurs racines entre en contact avec une autre de leurs racines ou avec une racine d'une espèce étrangère (Sultan, 2015, p. 54). Dans le second cas, la croissance est inhibée et la racine s'éloigne de sa voisine en laissant une zone de sol vierge entre elle et sa concurrente. Dans le cas où il y a rencontre avec sa propre racine, il n'y a pas d'inhibition (Mahall et Callaway, 1991, 1992, 1996). Ces expériences indiquent donc une forme de conscience corporelle, voire une conscience sociale simple vis-à-vis de plantes apparentées. Des expériences indiquent aussi que deux plantes clonées à partir d'un même individu acquièrent un caractère étranger l'une pour l'autre après une certaine durée de séparation (par exemple, à partir de 60 jours pour deux clones de pois) (Gruntmann et Novoplansky, 2004). L'hypothèse de cette reconnaissance de soi repose sur des mécanismes physiologiques intégrés qui ne seraient plus possibles lorsque le clone aurait subi trop de modifications épigénétiques ou du mécanisme qui contrôle la reconnaissance (Trewavas, 2014, p. 188-189). Ceci plaide donc en faveur d'une forme d'autonomie de la plante à travers une individualité comportementale propre (qui peut être innée ou acquise). De plus, les dynamiques biologiques de compétition et de coopération supposent aussi une forme de reconnaissance de soi. L'immunologie montre que dans le cas des symbioses, les limites de ce « soi » ne sont pas forcément celles des organismes génétiques qui peuvent constituer une entité fonctionnelle à l'identité multispécifique (Pradeu, 2010 ; Selosse, 2017). La proprioception est un autre exemple où les plantes témoignent d'une connaissance de leur propre corps (Bastien *et al.*, 2013 ; Dumais, 2013). La proprioception est la capacité à savoir où se trouvent les différentes parties du corps les unes par rapport aux autres, sans les voir ni les toucher. L'état d'ivresse altère cette faculté (toucher son nez les yeux fermés devient plus difficile). La proprioception est difficile à saisir, même chez les animaux, car elle tient à une coordination entre les différentes parties du corps via l'oreille interne et des nerfs proprioceptifs spécialisés. Cette faculté englobe à la fois les signaux d'équilibre des membres au repos et leur coordination dynamique lorsqu'ils sont en mouvement. Les plantes possèdent aussi cette « conscience » statique et dynamique de leur corps (Chamovitz, 2014, chap. 5). Elle permet aux arbres de réorienter leur croissance pour compenser des déséquilibres (par exemple, dus à une croissance trop importante d'un côté ou à cause de dégâts dus à la foudre) et leur éviter de se briser sous leur propre poids. Tous ces éléments indiquent que toute conscience spontanée implique déjà une forme de conscience de soi. La plante ne peut ainsi pas être considérée comme vivant dans une continuité purement indifférenciée et immédiate à son environnement. Un cadre minimal de l'altérité et du soi paraît ainsi indispensable chez les végétaux, contrairement à ce que propose le philosophe Michaël Marder (2013a).

En effet, pour récapituler, il existe chez les plantes la possibilité de discriminer entre le soi et l'autre et même plus finement entre le soi et l'autre comme environnement (ressource ou obstacle) ou l'autre comme autre soi (c'est-à-dire membre de son espèce, partenaire de reproduction) ou autre que soi (membre d'une autre espèce) avec les nuances que cette dernière variation suppose (l'autre pouvant être neutre, prédateur ou coopérateur). Évidemment, les plantes ne se représentent pas ces différentes modalités d'interaction, mais leurs comportements permettent effectivement de les discriminer par leurs réactions. Dotées d'une forme de conscience de soi minimale qui ne requiert ni intention ni réflexivité, les plantes parviennent à résoudre efficacement les problèmes de leur vie en interagissant et en s'adaptant à leur milieu grâce à une mémoire et à l'apprentissage. Certains auteurs considèrent d'ailleurs qu'une telle aptitude correspond à la définition même de l'intelligence.

L'intelligence

Les plantes sont-elles alors intelligentes ? Derrière les polémiques, une conception implicite du vivant et de la vie végétale apparaît. En effet, l'intelligence ne marque-t-elle pas la rationalité, la cognition et donc l'esprit ?

Historiquement, nous avons vu que notre tradition philosophique tendait à dénier toute forme d'intelligence aux plantes, notamment parce que cette faculté se liait étroitement au mouvement et à la subjectivité. Cette perspective est restée dominante chez les scientifiques et philosophes contemporains qui conçoivent généralement l'intelligence comme une activité conceptuelle et rationnelle ou impliquant des choix conscients (Lalande, 1996, p. 524-525). L'un des philosophes qui a dépeint le plus clairement et férocement la plante en ce sens est sans doute Hegel (2004). Dans sa *Philosophie de la nature*, la plante est conçue dans un rapport strictement immédiat au monde extérieur en raison de son absence supposée de soi et donc de rapport subjectif à elle-même. Cette absence s'explique parce que la plante ne peut ni se déplacer ni se couper de la terre, de l'eau ou de la lumière. Elle serait dans un processus infini d'absorption et de rejet qu'elle ne peut interrompre ou refuser à la différence de l'animal (Miller, 2002, p. 138).

Or les nombreuses expériences scientifiques mentionnées entrent désormais en décalage avec cette conception passive de la plante[24]. Les plantes peuvent interrompre certains de leurs processus métaboliques, fermer leurs stomates pour réguler les pertes en eau, orienter leurs feuilles parallèlement ou perpendiculairement aux rayons du soleil pour capter plus de lumière ou au contraire éviter les brûlures, etc. Le contre-argument principal de Firn (2004) à l'intelligence d'une plante manifestant de tels comportements

24. Ce décalage existe en fait au moins depuis le XIXe siècle et les premières expérimentations physiologiques sur les plantes (Hiernaux, 2019).

consiste à invoquer leur manque d'individualité. La réaction, en apparence intelligente, de la plante comme un tout ne serait jamais que la somme congruente de l'activité génétiquement programmée de chacune de ses parties. Trewavas (2004, 2014) a quant à lui défendu l'intelligence des plantes en montrant qu'en dépit d'une centralisation moindre qu'un animal, certaines de leurs réactions témoignaient d'une communication interne et donc d'une intégration réelle de l'ensemble comme unité comportementale. Opposer l'intelligence à des activités programmées et subies suppose de l'identifier à la conscience, avec ses représentations, ses intentions et sa volonté propre. Or l'intelligence déborde la conscience, ce qui explique le vocabulaire de l'intelligence artificielle, même si les activités des logiciels sont programmées et qu'ils ne montrent pas de conscience. Toutefois, l'intelligence véritable d'un être vivant ne peut être entièrement programmée comme l'est une machine. En effet, même si certains comportements reposent sur des activités largement programmées, un comportement intelligent doit demeurer ouvert à une certaine variabilité. Les phénomènes d'apprentissage et d'essai-erreur décrits chez les plantes impliquent justement la variabilité comportementale et permettent dès lors l'hypothèse d'une forme minimale d'intelligence.

La possibilité d'un comportement est le résultat de la sélection naturelle — au niveau de la structure comportementale —, mais cela ne détermine pas toutes les activités comportementales effectives d'un individu qu'une telle structure rend possible. Je propose donc d'envisager que l'intelligence se limite à cette activité effective d'un comportement plutôt que de l'étendre à toute programmation efficace ou adaptation génétiquement acquise. Cette hypothèse de travail permet en effet de lever des ambiguïtés dans plusieurs controverses.

Une telle position réclame toutefois une conception plus « pragmatique » et située de l'intelligence, appliquée aux plantes. Trewavas (2002) emprunte ainsi la définition de l'intelligence comme possession « d'un comportement adaptativement variable au cours de la vie de l'individu » (Stenhouse, 1974). Dans son livre *Plant Behaviour and Intelligence*, il en propose une définition plus précise :

> L'intelligence mesure la capacité d'un agent à atteindre des objectifs
> dans une large série d'environnements. Des caractéristiques comme

l'aptitude à apprendre et à s'adapter ou à comprendre sont implicites dans cette définition dans la mesure où elles rendent un agent capable de réussir dans une large série d'environnements (Trewavas, 2014, p. 195 d'après Legg et Hunter, 2007).

L'intelligence se juge ici selon ses conséquences, et non pas aux intentions ou à la volonté consciente qui en président les actes. L'intelligence des plantes recoupe ainsi en partie la plasticité phénotypique. Par exemple, le phénomène bien connu d'adaptation de la structure des feuilles des renoncules aquatiques selon qu'elles se situent à un endroit émergé ou immergé de la tige. Trewavas (2014, p. 84-85) explique aussi des expériences sur la capacité des plantes à discriminer plusieurs situations (plusieurs types de sols juxtaposés ou plusieurs supports pour des plantes grimpantes) et à opérer un choix qui nous apparaît optimal après un processus d'essai-erreur.

En ce sens, l'intelligence peut aussi se défendre selon une vision continuiste du vivant et s'appliquer à tous les organismes, même les unicellulaires ou les plantes. L'intelligence est ainsi une faculté qui rend commensurables les activités comportementales de tous les êtres vivants par la mesure de leur adaptation à leur environnement. Toutefois, ne peut-on pas objecter que tout comportement biologique en devient nécessairement intelligent ? L'intelligence perdrait alors tout son intérêt.

Un tel argument repose précisément sur la confusion entre la structure comportementale et sa manifestation effective. De même, les débats sur l'intelligence des plantes amalgament souvent l'adaptation des espèces ou des populations et celle des individus. Par exemple, Mancuso conçoit comme de l'intelligence le phénomène de coévolution entre une plante sécrétant du nectar et les fourmis qui s'en nourrissent et défendent la plante en retour (2015, p. 24). Trewavas (2014), en revanche, distingue explicitement les deux niveaux d'adaptation mentionnés et réserve le terme d'intelligence aux adaptations comportementales des organismes uniquement. Bien que ces deux types d'adaptation améliorent la survie et la reproduction des organismes, la plasticité adaptative du comportement s'oppose à une adaptation héritable d'un phénotype, comme le fait que les ailes des oiseaux soient bien adaptées au vol (Trewavas, 2014, p. 194).

À titre d'illustration, ce n'est pas parce qu'une poule a les ressources comportementales nécessaires pour échapper à un renard (courir ou s'envoler par exemple) qu'elle lui échappera forcément. En réalité, un comportement peut ou non être intelligent s'il implique la possibilité de l'erreur ou du dysfonctionnement. En théorie, il y a donc bien des comportements intelligents et d'autres qui ne le sont pas, même s'ils présupposent en amont le résultat structurel de la sélection et de l'adaptation. Si l'expérience de Gagliano *et al.* (2016) sur l'apprentissage par association se confirme, nous aurions un exemple très convaincant d'intelligence végétale dans la mesure où tous les individus testés n'intègrent pas aussi efficacement le conditionnement dans leur comportement ultérieur. Ce type d'intelligence est donc une adaptation individuelle à une situation nouvelle.

Dans cette optique, l'individu qui s'adapte le mieux, peu importe les moyens, est aussi le plus intelligent, ce qui peut être contre-intuitif vis-à-vis d'une notion subjective plus standard de l'intelligence. En effet, une conception classique de l'intelligence (humaine par exemple) considérera volontiers que seuls certains moyens d'adaptation témoignent d'intelligence. Ainsi une adaptation par la ruse à une situation sera considérée comme une preuve d'intelligence, alors qu'une adaptation équivalente obtenue par la force le sera moins. Mais dans les débats biologiques sur l'intelligence tous les moyens d'adaptation à la disposition d'un organisme sont jugés équivalents. L'intelligence entendue dans le cadre évolutionniste de la *fitness* est par conséquent éloignée de notre conception intuitive ou philosophique de l'intelligence.

L'intelligence concerne ainsi des aspects biologiques en prenant en compte toute variation d'aptitude individuelle menant à la résolution de problèmes, mais les aspects psychiques et conceptuels ne se réduisent pas pour autant à la biologie. Même si les plantes bénéficient d'une forme d'intelligence commune à l'ensemble des êtres vivants, cette dernière ne se confond pas avec celle des animaux ou des humains. Ainsi, en tant qu'êtres fixes et peu centralisés par un système nerveux ou un cerveau, les plantes expriment surtout leur comportement, et donc leur intelligence, à travers leur corporéité plastique (croissance, changement d'état, résilience) et n'accèdent pas à des niveaux d'abstraction comme la représentation mentale (et le langage) ou la conscience réflexive, vraisemblablement propres à des organismes proches de nous. Certains, comme Mancuso, voient ainsi dans les plantes une intelligence analogue à l'intelligence décentralisée de colonies d'insectes dont nous pourrions plus spécifiquement nous inspirer, par exemple pour le développement de l'intelligence artificielle.

Pour conclure, un organisme qui fonctionne bien, qui assouvit ses besoins intelligemment, est aussi un organisme qui a plus de chance de survivre et de se reproduire. L'intelligence biologique s'éloigne ainsi de la conception d'une faculté rationnelle interne à un individu. L'intelligence réside dans la relation d'adaptation qui existe entre un organisme et son environnement (Calvo, 2016). Dans cette optique, elle n'est jamais une faculté purement interne et abstraite, mais devrait toujours être comprise relativement à une situation environnementale et corporelle donnée. Des aptitudes comme la communication ou l'apprentissage attestent de cette réalité relationnelle. La théorie des affordances, la biosémiotique (Witzany, 2008) et l'écologie comportementale appliquées aux plantes tendent à la même conclusion (Gagliano, 2015). En effet, tout comme la biosémiotique envisage que le milieu d'un organisme ne lui apparaît pas de manière neutre, l'écologie comportementale considère que l'environnement recèle des potentialités d'action relatives à chaque espèce qui ne lui sont donc pas internes (des affordances).

Biosémiotique et comportement végétal

Le cadre dominant de l'interprétation scientifique du comportement végétal a été largement abordé dans ce qui précède. Je voudrais à présent en proposer une lecture non réductionniste et plus philosophique, à partir d'une reprise critique des concepts de la biosémiotique. Que serait le monde d'une plante ? Quelles significations, au sens minimal évoqué, une plante pourrait-elle attribuer à son milieu ? Peut-on considérer une plante comme une sorte de sujet connaissant doté d'une forme d'intériorité ?

Introduction

Selon Drouin (2008, p. 195) qui s'appuie sur Hallé, Aristote et Bergson, si la plante bénéficie d'une nouvelle forme, redéfinie et éclatée de l'individualité, « il semble en revanche aller de soi de lui dénier toute subjectivité ». Mais en quoi ceci irait-il de soi ? Si l'on se fie à Descola (2005), les réticences à subjectiver le végétal trouvent leurs raisons dans l'ontologie (naturaliste) occidentale moderne :

La discontinuité des humains vis-à-vis des autres existants procède en effet dans l'idéologie moderne d'une conception de leur intériorité comme doublement subjective : la conscience de soi fait la subjectivité, la subjectivité permet l'autonomie morale, l'autonomie morale fonde la responsabilité et la liberté qui sont les attributs du sujet en tant qu'individu porteur de droits et de devoirs à l'égard de la communauté de ses égaux. Traditionnellement définis comme dépourvus de ces propriétés, les plantes et les animaux sont donc exclus de la vie civique : il n'est pas possible de nouer avec eux des relations politiques ou économiques, le statut de sujet leur faisant défaut. Or cette subordination des non-humains aux décrets d'une humanité impériale est de plus en plus contestée par des théoriciens de la morale et du droit, qui travaillent à l'avènement d'une éthique de l'environnement débarrassée des préjugés de l'humanisme kantien (Descola, 2005, p. 268).

Même dans les éthiques qui incluent les animaux, comme celle de Singer (2012), les principes de base de l'ontologie naturaliste prévalent. Lorsque l'animal bénéficie du souci moral des humains, il leur reste subalterne, car il n'est pas considéré comme un sujet autonome. Qu'advient-il des végétaux dans ce cadre ?

Quant aux plantes et aux éléments abiotiques de l'environnement, ils restent condamnés, faute de sensibilité, au sort machinal et impersonnel que le naturalisme réservait auparavant à tous les non-humains (Descola, 2005, p. 271).

Partant, si l'animal n'est pas un sujet autonome, il accède au moins à une forme de subjectivité hétéronome tandis que la plante reste du côté des objets, traitée dans la foulée des « éléments abiotiques » de l'environnement minéral. Pourtant, contrairement au point de vue de l'ontologie naturaliste que décrit Descola, les végétaux ont bel et bien une sensibilité. Ce simple fait ne devrait-il pas suffire à les démarquer de la matière inorganique et du statut d'objets auxquels le naturalisme les assimile ? C'est du moins ce que des ontologies animistes prémodernes et non occidentales préconisent en reconnaissant, par exemple, les animaux, mais aussi les plantes comme des personnes non humaines (Hall, 2011).

Plutôt que cette polarisation, ne pourrait-on pas également envisager de façon plus située une « subjectivité » des végétaux sur mesure à partir de ce que nous savons d'eux ? Ceci demande de découpler la notion de subjectivité de celle de personne ou d'humain. En effet, des facultés comme la conscience réflexive, la représentation ou l'intelligence conceptuelle généralement associées au sujet humain ne peuvent s'appliquer au végétal. Cependant, derrière l'ensemble des comportements d'une individualité végétale (une individualité parfois éclatée) demeure quelque chose comme une unité comportementale cohérente. Cette unité n'est-elle pas garantie par une forme de subjectivité ? Cette subjectivité entendue dans un sens large peut être plus fondamentalement comprise comme ce qui définirait le rapport spécifique au temps et à l'espace du végétal. À partir de ce rapport, des comportements spécifiques pourraient être explicités. Afin de relier la dimension éthologique à la dimension philosophique de la subjectivité, je me base principalement sur le livre de Jakob von Uexküll (1864-1944), *Milieu animal et milieu humain* (1984, 2010). En plus d'être l'un des fondateurs de l'éthologie animale, Uexküll était aussi philosophe et a influencé de nombreux penseurs ultérieurs (comme Heidegger, Merleau-Ponty ou plus récemment la mésologie d'Augustin Berque) en proposant une conception nouvelle de la subjectivité (animale) (Pieron, 2009, 2010).

L'enjeu du passage par l'éthologie d'Uexküll consiste à mettre à l'épreuve l'hypothèse d'une subjectivité végétale. Est-elle aussi absurde que l'ontologie naturaliste moderne le conçoit ? Une simple transposition zoomorphique manquerait totalement le but fixé. Il s'agit donc de développer une lecture critique de cette subjectivité, avec les décalages et les différences que cela suppose, dans la continuité de l'approche scientifique des chapitres précédents.

Milieu animal et milieu humain

Le point de départ philosophique d'Uexküll est le rejet du mécanicisme animal. Le vivant se sert de moyens de percevoir, des perceptils, et de moyens d'agir, des outils, derrière lesquels se trouve quelqu'un, un sujet. L'animal, comme l'humain, n'est pas une simple machine, car derrière ses outils et ses perceptions se trouve une subjectivité. La machine, quant à elle, se confondrait avec ses moyens de perception et d'action. Selon Uexküll, chaque animal est un sujet qui possède un monde perceptif (celui de la sensibilité, *Merkwelt*) et un monde de l'action (*Wirkwelt*) qui forment ensemble son milieu (l'*Umwelt*, le monde propre de l'espèce). Le potentiel d'action d'un organisme d'une espèce donnée dépend évidemment de son potentiel de perception.

Uexküll a ainsi théorisé la subjectivité d'animaux que l'on qualifiait alors de « supérieurs », mais aussi d'invertébrés, dans leur relation avec leur milieu (*Umwelt*). Son exemple paradigmatique est d'ailleurs la tique. Ma méthode s'inspire de ses analyses pour étendre des hypothèses éthologiques aux végétaux[25]. En effet, la capacité de la tique à réagir à des stimulus semble extrêmement limitée, car son potentiel perceptif est restreint à quelques variables : la lumière, la chaleur, l'odeur de l'acide butyrique dégagée par les mammifères qu'elle parasite. Selon les travaux scientifiques mentionnés précédemment, les végétaux sont sensibles et réactifs (d'où leurs comportements) à au moins autant de stimulus que la tique, voire bien plus. Nous pouvons ainsi leur reconnaître un monde perceptif et un monde de l'action, même si Uexküll ne le fait pas.

Certains des scientifiques qui étudient le comportement végétal partagent sa critique du mécanicisme. Uexküll l'inscrit toutefois dans un dualisme du sujet et de l'objet, présentés comme des alternatives théoriques exclusives :

> La tique est-elle une machine ou un machiniste, un simple objet ou sujet ? (Uexküll, 2010, p. 33).

S'enraciner dans l'éthologie classique pour comprendre les organismes végétaux inscrit le chercheur en biologie végétale, volontairement ou non, dans ce dualisme naturaliste de l'objet et du sujet qui a été « animalisé » par l'un des fondateurs de l'éthologie. Or, si les animaux ont été mis à la marge de la pensée occidentale moderne, cela signifie que les « autres » dont les plantes, ont été mis à la marge de la marge dans « une zone d'obscurité indétectable sur les radars de nos conceptualisations » (Marder, 2013a, p. 2). La plante a alors été presque entièrement reléguée à l'objectivation scientifique, comme si son être était impropre à la pensée philosophique.

Subjectivité centralisée, subjectivité non centralisée

Dans *Milieu animal et milieu humain*, Uexküll propose une distinction importante entre les animaux simples dont les réflexes

---

25. Emanuele Coccia condamne pour sa part toute possibilité d'une éthologie végétale inspirée d'Uexküll au motif principal que les plantes n'ont pas d'organes des sens dédiés à leur relation au monde (2016, p. 57-59).

ne sont pas centralisés (comme les méduses et les oursins) et ceux qui sont centralisés (les animaux dits « supérieurs »). Dans le premier cas, chaque arc réflexe est autonome et indépendant des autres, ce qui fait dire à l'auteur : « Quand un chien court, il meut ses pattes, quand un oursin court, ses pattes le meuvent » (2010, p. 81). La conséquence est que, pour un oursin, les stimulus perçus par des arcs réflexes différents (par ses différents types d'organes) restent isolés, ils ne sont pas centralisés en un seul objet de la perception. Une autre hypothèse est que dans le premier cas, la subjectivité prédomine sur l'action qu'elle commande, tandis que dans le second, la subjectivité semble résulter de l'action.

Le végétal se trouve-t-il plutôt dans le cas de l'oursin ou bien dans celui des animaux supérieurs ? La réponse dépend sans doute elle-même du type d'organisme végétal dont il est question. Des végétaux très rudimentaires comme les algues unicellulaires se trouvent plutôt dans la situation de l'oursin, alors que les plantes à fleurs sur lesquelles portent la plupart des expériences mentionnées se rapprochent par certains aspects du vertébré. En effet, les plantes à fleurs réagissent à certains stimulus comme un animal centralisé. Il suffit par exemple qu'une seule branche d'arbre subisse l'action de la vernalisation par le froid pour que le signal de réaction soit transmis à l'ensemble de l'organisme. Si la feuille d'une plante subit l'attaque d'un parasite de façon très localisée, la réaction de fabrication de toxines de défense peut être déclenchée dans l'ensemble du feuillage pour assurer la protection face à d'autres attaques éventuelles. De même, chaque feuille est dotée de phytochromes susceptibles de capter de la lumière et une seule feuille exposée au bon type de lumière peut induire la floraison de toute la plante. Cependant, ce type de centralisation ne correspond pas à la centralisation nerveuse ou cérébrale. En effet, des phénomènes liés à la morphologie ou à l'autonomie des parties d'une plante laissent penser à une moindre individualité. La plante possède néanmoins une caractéristique fondamentale de la centralisation : la communication de l'information dans l'ensemble de ses parties. Opposer un modèle animal centralisé vertébré à un modèle non centralisé invertébré, étudier les mécanismes qu'utilisent les plantes dans leurs rapports au milieu ne suffisent pas pour comprendre ce que serait l'*Umwelt* du végétal. Leur « subjectivité » dépendrait bien plutôt de la nature des fonctions et de la signification de ces rapports.

Pauvreté et certitude des milieux

Pour Uexküll, la complexité ou la simplicité d'un milieu est spécifique à l'organisme qui le perçoit et relative à la complexité de son monde de perception. Par exemple, la tique ne peut réagir qu'à trois propriétés différentes dans un ordre de succession défini, celles-ci provoquent une excitation et une réaction : son milieu est pauvre. Cependant, cette pauvreté n'est pas un jugement de valeur[26], car la simplicité du milieu augmente la certitude de l'animal quand il agit en conséquence, et le degré de certitude importe plus pour l'efficacité de l'action que la richesse de son milieu.

En ce sens, l'immobilité des végétaux les oblige à capter une multitude de stimulus imperceptibles pour les animaux. L'adéquation de leurs réactions à un environnement très diversifié leur confère un monde extrêmement riche. Bien plus riche même que celui des humains limités aux perceptions de nos cinq sens (les plantes détectent et réagissent en plus aux taux d'humidité, de luminosité, à l'électromagnétisme, etc.). Les messages chimiques émis (plus de 1 000 répertoriés en cas d'attaques) et les mélanges synthétisés par les végétaux (combinant jusqu'à 200 molécules) sont extrêmement nombreux et précis (Dicke et Bruin, 2001).

Uexküll ajoute que, vu la faible probabilité qu'un mammifère vienne à passer sous la tique postée, celle-ci doit être parfaitement adaptée à la situation. Elle peut ainsi rester immobile sans manger pendant dix-huit ans, tant qu'elle ne perçoit aucune stimulation susceptible de la faire réagir. Mais en un sens, cette longue période pour nous n'est qu'un instant pour la tique, car Uexküll définit l'instant comme la plus petite période pendant laquelle on ne peut pas percevoir un changement. Ainsi l'expérience de l'espace et du temps n'est pas absolue, mais dépend du milieu :

> Le temps qui enveloppe tout événement nous semble être la seule chose objectivement établie face à la variété changeante de son contenu, et maintenant nous voyons que le sujet domine le temps de son milieu. Alors que nous disions jusqu'à présent : sans temps, il ne peut y avoir aucun sujet vivant, nous devrons dire dorénavant : sans un sujet vivant, il ne peut y avoir aucun temps [...] il en va de même pour l'espace : sans un sujet vivant, il ne peut y avoir ni espace ni temps (Uexküll, 2010, p. 45).

---

26. Du moins pour Uexküll, contrairement à Heidegger (1992) qui s'en inspire pour affirmer que l'animal est pauvre en monde.

Le rapport biologique au temps et à l'espace n'est pas le même pour toutes les espèces, et à fortiori pour les plantes, puisque leurs capteurs sensitifs sont à la fois extrêmement nombreux (les milliers de feuilles et de pointes racinaires) et actifs (les milliers de réactions biochimiques de nature différente que ces perceptions induisent). Cette hypersensibilité n'est pas pour autant nécessairement compensée par un épuisement rapide de leur vitalité en dépit de ce que la corrélation entre l'inactivité de la tique et sa longévité pouvait laisser penser. Chez les plantes, même un monde de perception et d'action extrêmement riche peut impliquer une longévité exceptionnelle, comme dans le cas des arbres. Ceci indique qu'il faut clairement découpler l'idée d'activité d'un organisme (monde de l'action) de celle de locomotion ou même de mouvement. En effet, des réactions végétales de type électrique ou chimique, bien qu'invisibles, sont déterminantes dans la sensibilité des plantes et peuvent être proportionnellement très rapides par rapport aux capacités de mouvement souvent imperceptibles de l'organisme.

Espace d'action et mouvement chez les végétaux

L'espace d'action est, selon Uexküll, l'espace dans lequel le corps peut se mouvoir selon six directions (haut, bas, avant, arrière, droite, gauche) grâce à un système de références perpendiculaires fixé par l'oreille interne. Ce cadre de référence est stable relativement au corps animal. Il est possible de s'orienter par des mouvements dont l'unité minimale est un pas directionnel (d'environ 2 cm chez l'humain). Selon Uexküll, l'oreille interne, en décomposant chacune de ces unités de mouvement, est capable de recomposer un trajet complet. Elle est comme une boussole aidant l'animal à retrouver son chemin à posteriori, indépendamment de toute perception effective (visuelle ou autre).

Au-delà de l'aspect zoocentrique du recours à l'oreille interne, l'idée d'espace d'action est liée à celle de mouvement et même de locomotion chez Uexküll. Pouvons-nous dès lors défendre l'idée qu'il existe un espace d'action chez les végétaux ? La réponse est complexe car, contrairement aux animaux, le mouvement de la plante n'est pas lié à la locomotion et d'une façon plus générale, l'action n'est pas nécessairement liée à un mouvement perceptible à l'échelle humaine. Il est en effet possible de défendre que toute réaction implique un mouvement, dont la visibilité dépend simplement d'une question d'échelle. Ainsi, si nous ne percevons pas la plupart des réactions des végétaux, c'est en raison des niveaux cellulaires et moléculaires trop petits et trop rapides, ou bien au niveau macroscopique de l'organisme entier et de sa croissance, trop lents. Toutefois, par « mouvement », on entend généralement un mouvement perceptible pour l'humain (et non simplement un changement d'état). Comme nos plages perceptives sont très éloignées des activités des végétaux, cela affecte directement la manière de considérer le végétal. D'ailleurs, l'invention de la photographie et du film constituèrent une petite révolution dans le rapport « philosophique » à la vie végétale en donnant accès à des mouvements qui demeuraient imperceptibles par les sens, bien que connaissables par l'expérimentation et donc la pensée. En outre, ce n'est pas parce que nous ne percevons pas le mouvement végétal dans notre propre espace perceptif que la plante ne perçoit pas ses plus infimes mouvements dans son propre espace d'action.

Le sens de l'espace et du mouvement chez les végétaux est essentiel pour comprendre leur rapport au milieu. Il a été établi scientifiquement que les végétaux possédaient le sens du haut et du bas (le gravitropisme). En revanche, en raison de leur fixité, il n'est pas sûr que les végétaux aient le sens de la gauche et de la droite ou de l'avant et de l'arrière. Car si les végétaux sont capables de se mouvoir à gauche, à droite, en avant ou en arrière, ils ne le font pas spécifiquement, contrairement aux mouvements vers le haut et le bas. Si une plante pousse vers le haut et oriente ses racines vers le bas, elle le fait en raison même de sa perception de la gravité. Les mouvements vers le haut et vers le bas ont un sens inhérent pour les plantes : ils correspondent à la recherche de la lumière, de l'humidité et des nutriments. En revanche, si une plante pousse vers la gauche ou l'arrière par exemple, ce n'est pas en raison d'une perception de la gauche ou de l'arrière, qui auraient une valeur en tant que tels, mais relativement à un stimulus qu'elle recherche ou qu'elle fuit (qui est ce qu'elle perçoit)[27]. Ce serait donc plutôt son espace de perception que d'action qui l'oriente dans

---

27. L'animal comme la plante accorde une valeur inhérente au haut et au bas tandis qu'il n'accorde qu'une valeur contextuelle à la gauche et à la droite. En outre, l'animal, contrairement à la plante, accorde une valeur inhérente à l'avant et à l'arrière parce que sa morphologie et ses organes des sens impliquent une locomotion dans une direction privilégiée.

ce cas de figure. De plus, la symétrie corporelle d'un organisme végétal fixe diffère de celle d'un animal mobile. Cela pourrait aussi expliquer des différences dans son espace d'action vis-à-vis de celui de l'animal décrit par Uexküll. Tout comme les animaux, les plantes ne s'organisent pas autour d'un axe de symétrie entre le haut et le bas, et leur côté gauche et droit sont les mêmes (symétrie bilatérale). Les tiges des végétaux, à l'inverse des corps des animaux vertébrés, présentent aussi une symétrie entre l'avant et l'arrière (on ne peut les distinguer sur une base morphologique contrairement au dos et au ventre d'un animal). Pour ces raisons, leur symétrie est dite radiaire. Cependant, ces axes de symétries sont beaucoup plus théoriques et souples que chez les animaux, puisque le développement d'une plante reste largement indéterminé et évolue au fil de la croissance, contrairement au développement d'un animal, strictement déterminé dès son embryogénèse.

Quels sont les organes de la perception du haut et du bas ? L'ensemble des organes en croissance des plantes possèdent des cellules spécifiques appelées statocytes. Elles contiennent des éléments attirés par la gravité (il s'agit d'organites appelés statolithes) qui se déposent au fond de la cellule et orientent ainsi la croissance en fonction de la perception du haut et du bas. Enfin, les végétaux perçoivent leur propre corps (proprioception). En conséquence, ils sont vraisemblablement dotés d'un système de coordonnées spatiales minimum (au moins haut/bas) qui définit leur propre espace d'action. Cependant, en raison de leur fixité, le rôle de boussole souligné par Uexküll chez les animaux ne peut être imputé à l'espace d'action des végétaux, puisqu'ils ne se déplacent pas. Reste aussi à voir quelle serait l'unité de mouvement équivalant au pas directionnel chez l'animal si elle existe chez la plante. On pourrait imaginer que cela soit la réaction minimum de croissance en réaction à un changement de gravité ou de luminosité perçu ou quelque chose de semblable[28].

Espace d'action et sens du toucher chez les plantes

Chez Uexküll le monde de l'action est directement lié à la dimension exploratoire permise par le sens du toucher. Le sens du toucher définit ainsi l'espace tactile de l'organisme :

---

28. Par exemple, la plante réagit-elle face à une variation d'un degré par rapport à son axe vertical ? Un demi-degré ? Un centième de degré ?

Dans le toucher, les lieux se relient aux pas directionnels et les deux
permettent la donation d'une forme (Uexküll, 2010, p. 58).

La sensibilité de l'animal lui permet d'orienter sa locomotion et
d'analyser des objets de son environnement. Cette sensibilité varie
en fonction de la zone du corps considérée et de l'espèce. Ainsi,
chez l'humain, la langue et les doigts sont très précis tandis que
le dos ne l'est pas. Ajoutons que, comme Aristote le remarquait
déjà, le sens du toucher semble le plus universel dans le monde
vivant, car on le retrouve chez les espèces les plus primitives ou
simples, comme les unicellulaires ou les mollusques, ce qui n'est
pas forcément le cas des autres sens. On peut donc envisager que
les végétaux possèdent un sens du toucher et donc un espace tactile.

Des expériences scientifiques ont mis en évidence que les végétaux
ressentent des stimulus tactiles auxquels ils sont susceptibles de
réagir (avec des phénomènes d'accoutumance et de sensibilisation)
et ont permis de découvrir l'existence de mécanismes de
communication dans les plantes. Le thigmotropisme est un
mouvement induit en réponse à un contact et la
thigmomorphogenèse une modification de la croissance à la suite
d'une stimulation tactile. Dans le thigmotropisme, le mouvement
est généralement induit par le contact avec un objet solide, ce qui
permet aux racines de contourner les roches et aux tiges volubiles
des plantes grimpantes de s'enrouler autour de leur support, ou
de s'y accrocher grâce à leurs vrilles en quelques heures à peine
(Darwin, 1865 ; Chamovitz, 2014, chap. 3). Ce mouvement repose
sur une réduction de la taille des cellules de la face inférieure en
contact avec l'objet, les autres cellules s'allongeant à l'extérieur
(Raven *et al.*, 2014, chap. 28).

Même si cela n'induit pas un mouvement directement perceptible
par les sens humains, toutes les plantes sont dotées de la sensibilité
au toucher qui leur permet de ressentir le vent, l'attaque d'un
prédateur, le chaud, le froid ou une plante concurrente. Il en résulte
le plus souvent une modification de la croissance (la
thigmomorphogenèse). Le *Sycios angulatus,* une plante volubile
de la famille des cucurbitacées a un sens du toucher près de dix
fois plus sensible que celui de l'humain : il est capable de sentir
le poids d'un filament d'à peine 0,25 gramme. La sensitive et la
dionée ont des réactions au toucher visibles pour l'œil humain.
Alors que la sensation tactile de l'animal lui permet d'éviter la
douleur, la sensation tactile de la plante lui permet de moduler

son développement pour s'adapter au mieux à son environnement (Chamovitz, 2014, p. 80-83), mais ne suscite à priori ni douleur ni réaction émotionnelle.

L'espace tactile au sens d'Uexküll doit être nuancé, car la sensibilité des végétaux est proportionnellement plus « passive » qu'exploratoire. Comme la plante mesure en permanence d'innombrables variations de son environnement dans lequel elle est fixée, elle est sensible à plus de perceptions tactiles qu'un animal qui se déplace dans son environnement pour l'explorer activement. Mais les plantes possèdent néanmoins des capacités exploratoires, puisque la majeure partie de leur activité consiste à explorer le sol grâce à leurs innombrables pointes racinaires. C'est aussi vrai des plantes grimpantes dont l'activité exploratoire du toucher ne se limite pas aux racines, mais s'étend à la partie aérienne. Les vidéos accélérées de la croissance des plantes grimpantes sont éloquentes[29] : la plante exécute d'abord des mouvements de circumnutations de plus en plus larges à la recherche d'un support (mouvements exploratoires), puis dès qu'il y a contact tactile, une sensibilité active du toucher prend le relais afin d'analyser le support et de s'y enrouler.

La territorialité

Selon Uexküll, la subjectivité de certains animaux s'exprime également par leur territorialité, une caractéristique intrinsèquement liée aux mouvements exploratoires (Uexküll, 2010, p. 121-128). Chez Uexküll l'idée de territoire est fortement liée à la locomotion. Elle implique de pouvoir s'y déplacer comme la taupe dans ses galeries ou l'araignée sur sa toile. En dépit de leur fixité, la compétition pour la lumière et les ressources du sol pourraient-elles impliquer un territoire chez les plantes ? La locomotion pourrait être un élément non discriminant de la territorialité propre aux modèles animaux choisis par Uexküll. Certaines plantes semblent en effet défendre de façon active ce que l'on peut assimiler à leur territoire en empoisonnant littéralement le sol de toxines dégagées par leurs racines ou leurs feuilles qui tombent au sol ; il s'agit de l'allélopathie. Cela empêche la germination ou la croissance de végétaux concurrents dans la zone

---

29. <https://www.youtube.com/watch?v=9xMVKbU2O98 > (consulté le 27 janvier 2020) et <https://www.youtube.com/watch?v=kpp6Vc43Qjk> (consulté le 27 janvier 2020).

d'influence où une plante exploite des ressources. L'analogie avec un animal défendant son territoire de chasse ne semble pas incongrue. En outre, cette territorialité ne se réduit pas à un simple rapport de compétition, même chez les végétaux. En effet, de la même manière que des plantes peuvent répandre des toxines, elles peuvent aussi attirer sur leur territoire des insectes qui les protègent de leurs prédateurs ou encore sécréter dans le sol des substances qui guident et rendent possibles les symbioses avec des bactéries ou des champignons du sol, contribuant par-là à la co-création d'un territoire commun.

Sens de la forme chez les plantes

Pour Uexküll (p. 87-96), la perception de la forme et du mouvement n'apparaît que chez les animaux supérieurs parce qu'elle présuppose le regroupement de divers endroits par une certaine centralisation, ce dont l'oursin serait par exemple incapable. Par ailleurs, la perception de la forme et le mouvement ne sont pas nécessairement dissociables chez les animaux. Ainsi, un choucas ne peut pas reconnaître la forme immobile de la sauterelle qui constitue sa proie, il ne peut en percevoir la forme et la chasser que lorsqu'elle est en mouvement. À l'extrême, pour la coquille Saint-Jacques, seule la vitesse du mouvement (correspondant à celle de son prédateur) compte, la forme et la couleur de la chose en mouvement n'ont aucune importance pour elle. Darwin pensait que les vers de terre étaient capables de distinguer la forme, car ils savaient dans quel sens ils devaient tirer les feuilles (par la pointe) dans leur trou et les paires d'aiguilles de pin (par la base) pour qu'elles y rentrent. Comme s'ils reconnaissaient la forme de la pointe et celle de la base. En fait c'est le goût de la pointe ou celui de la base des aiguilles qui permet au ver de discriminer, car lorsqu'on saupoudre de pointe de feuille ou de base d'aiguilles de pin des bâtonnets symétriques, le ver les tire en conséquence.

> Il n'y avait ainsi aucune perception de forme chez les vers de terre. Il était donc d'autant plus pressant de répondre à la question de savoir quels animaux peuvent compter la forme comme signe perceptif dans le milieu (Uexküll, 2010, p. 93).

Le sens du toucher n'implique pas à lui seul la capacité à percevoir des formes. Mais la conséquence de la combinaison du mouvement actif des racines et du sens du toucher permet de proposer l'hypothèse que les plantes auraient un sens de la forme.

Lorsqu'une racine rencontre une pierre dans le sol, elle tente de la contourner, mais si cela est impossible, elle cesse de diriger la croissance de ses autres racines vers cet obstacle. De même, si l'obstacle est contournable, la plante dirige ses nouvelles racines autour et non plus directement vers l'obstacle (Drénou, 2006). Ceci indiquerait que la forme de l'obstacle est intégrée de façon centralisée. Toutes les plantes vasculaires auraient ainsi un sens de la forme que des animaux rudimentaires n'auraient pas. Si défendre l'idée que les plantes vasculaires possèdent un sens de la forme peut paraître peu orthodoxe, rappelons-nous que, pour Uexküll, le sens de la forme est lié aux facultés exploratoires d'un organisme par rapport à son milieu. Et si une huître ou une méduse n'a peut-être pas vraiment besoin d'explorer son milieu, ce n'est certainement pas le cas d'une plante[30]. Sa fixité dans le milieu lui impose d'optimiser sa connaissance de son environnement par ses mouvements exploratoires.

En ce qui concerne les parties aériennes des plantes, le mode de vie influence le rapport à la forme. D'un point de vue biologique, les plantes grimpantes perçoivent réellement la forme. Cela s'explique parce que la « perception » de la forme en tant que forme est une nécessité pour pouvoir choisir et s'adapter à son support pour survivre. Toutefois, rien n'indique ici que pour les autres plantes la « perception » de la forme apporterait un avantage adaptatif à la partie aérienne. Ainsi, la dionée carnivore pourrait être dans la même situation que le ver de terre ou la coquille Saint-Jacques. Si elle se referme sur sa proie, n'est-ce pas parce qu'elle réagit aux stimulus de mouvements d'une forme qu'elle ne perçoit pas en tant que telle ? Outre les stimulus du mouvement, la dionée ne discrimine-t-elle pas la taille de la proie ? Elle éviterait ainsi de refermer définitivement son piège sur une proie trop petite ou trop grande en se rouvrant peu après, comme elle le fait à la suite d'une fermeture accidentelle sur de la matière non comestible. En réalité, la dionée ne se ferme pas sur une proie dont le mouvement est insuffisant pour stimuler les poils réactifs, et inversement, elle se referme si le mouvement est suffisant, indépendamment de la taille de la proie, et ce même si elle est trop grosse pour être digérée. Dès lors, la dionée, comme la coquille Saint-Jacques, percevrait le mouvement, mais sans doute pas la forme, puisqu'elle n'a pas de notion de grandeur. De même, chez la sensitive, la forme ne

---

30. Une méduse est un être planctonique, c'est-à-dire que ses déplacements ne sont pas actifs, mais dépendent uniquement du courant.

joue aucun rôle dans sa réaction. Seule l'intensité du stimulus de contact déclenche la réaction de repli des feuilles. La réaction peut d'ailleurs être initiée par un contact sans forme, par exemple du vent, du feu ou de l'électricité. De ce point de vue, il y aurait certaines plantes — peut-être une minorité — dont la partie aérienne a la notion de forme (parmi lesquelles les plantes grimpantes) et d'autres non. Et si certaines perçoivent la forme dans leur milieu, c'est en vertu de sa signification relativement à leur mode de vie.

Mais faire de la connaissance de la forme un statut d'exception chez les plantes à partir de leurs parties aériennes, ce serait oublier que toutes possèdent le sens du toucher racinaire et la capacité d'identifier et de contourner des obstacles dans le sol par leurs mouvements de croissance (correspondant à peu près aux pas directionnels des animaux). Ainsi, au niveau souterrain, toutes les plantes percevraient la forme, au sens que lui donne Uexküll. En outre, comme les informations issues des racines sont transmises et distribuées dans l'ensemble de la plante, cela relativise l'idée que le sens de la forme chez les plantes serait localisé en un endroit précis.

L'espace visuel des plantes

Les plantes disposent-elles d'un sens de la vue leur permettant d'analyser leur espace ? Lorsque Uexküll aborde la question de l'espace visuel, il prend en considération des animaux n'ayant pas d'yeux, auxquels il reconnaît néanmoins une photosensibilité. Cette « vision » moins centrée sur les animaux vertébrés permet d'inclure plus facilement les végétaux dans son analyse de la vue et de l'espace visuel comme en témoigne cet extrait :

> Les animaux dépourvus d'yeux qui, comme la tique, sont dotés d'une peau photosensible, possèdent en vue de produire des signaux localisants, les mêmes aires de la peau pour l'excitation lumineuse et pour l'excitation tactile. Les endroits visuels et les endroits tactiles coïncident dans leur milieu. C'est chez les animaux porteurs d'yeux que l'espace visuel et l'espace tactile se dissocient clairement (Uexküll, 2010, p. 59).

Même si les végétaux n'ont ni œil ni peau, leur surface foliaire est sensible au toucher et à la lumière.

Uexküll s'intéresse à la complexité perceptive de l'espace qu'autorise l'œil en permettant une localisation plus précise des stimulus. Le sens de la vue crée un horizon qui fixe la limite du lointain dans un espace visuel (l'auteur parle d'une bulle autour des animaux). Chez les organismes sans yeux, il n'y a pas de lointain ou d'horizon[31]. Ceci implique-t-il que la photosensibilité de la plante ne lui permet pas d'accéder à un espace visuel distinct de son espace tactile ?

Chamovitz (2014, chapitre 1) explique que les plantes sont capables de déceler la lumière et l'obscurité ainsi que son intensité, sa provenance et sa couleur. Elles détectent ainsi l'ombre d'un objet ou d'une plante concurrente qui les surplombe. L'auteur affirme que les plantes disposent d'un véritable sens de la vue en se basant sur sa définition comme :

> Le sens physiologique par lequel les stimulus lumineux reçus par l'œil sont interprétés par le cerveau et organisés en une représentation de la position, de la forme, de la clarté et, en général de la couleur des objets dans l'espace (Chamovitz, 2014, p. 22).

Or cette définition introduit d'emblée un hiatus entre la vue et la photosensibilité de la plante. Même s'il existe des points communs, les divergences sont nombreuses. Ainsi, il est vrai que dans les deux cas, il s'agit d'une perception du sens physiologique par lequel les stimulus lumineux sont reçus grâce à des photorécepteurs (de la rétine ou du tissu végétal). Toutefois, le mécanisme, mais aussi la finalité des deux sens diffèrent. En effet, la plante n'a pas d'organe de la vue, et pas de cerveau qui interprète les données. En conséquence, la finalité du mécanisme ne peut être une « représentation de la position, de la forme, de la clarté ou de la couleur des objets dans l'espace ». Il s'agit bien d'une perception de ces mêmes données (position, forme, clarté, couleur), mais elle n'est pas médiatisée par une représentation, elle est directement transformée en signaux. La sensibilité à la lumière des végétaux est un type de perception d'une nature différente de la vision oculaire.

En effet, la lumière s'avère plus qu'un simple signal pour les végétaux, puisqu'elle est directement une « source de nourriture » ou d'énergie permettant la métabolisation des nutriments grâce à la photosynthèse. Les feuilles des plantes ont de nombreux photorécepteurs discriminant une large gamme de couleurs, que l'œil humain ne voit pas toutes, par exemple le rouge lointain

---

31. Ceci n'est pas tout à fait vrai dans la mesure où certains animaux sans yeux peuvent se représenter l'espace, le lointain et un « horizon » grâce à l'écholocation.

(longueur d'onde comprise entre 710 et 780 nm, à la limite de l'infrarouge) et l'ultraviolet.

En distinguant l'ombre et la qualité de la lumière qu'elles reçoivent grâce à leur sensibilité aux différentes longueurs d'onde du spectre lumineux, toutes les plantes perçoivent ce qui les ombrage ou capte une partie de leur lumière et adaptent leur croissance selon la situation. Une plante peut ainsi distinguer une autre plante d'un obstacle quelconque, parce que la lumière reflétée par le feuillage est de nature différente de celle renvoyée par un rocher (Sultan, 2015, p. 60-62). En ce sens, la photosensibilité de la plante intervient directement dans « rapport à l'espace » (comme chez l'animal). En se dirigeant naturellement vers une source de lumière plus intense, la plante se dirige en réalité vers un espace dégagé. À l'inverse, lorsque la plante évite l'ombre, elle fuit un espace occupé par un obstacle ou une concurrente qui empêche l'exploitation spatiale du milieu et de ses ressources. Finalement, le milieu spatial des plantes n'est pas une totalité visuelle représentée, c'est un réseau comprenant des points d'intérêt ou des affordances.

Enfin, la plante perçoit aussi l'intensité de la lumière à laquelle elle s'adapte par l'orientation de ses feuilles, soit en essayant de la concentrer en maximisant sa surface d'exposition, soit au contraire, en la diminuant pour éviter les brûlures.

Les plantes, grâce à leur sensibilité à la lumière, sont donc capables d'obtenir des informations de position, de forme, de clarté et de couleur à l'instar d'un œil. Mais l'analogie est fonctionnelle et seulement partielle. En outre, elle ne devrait pas occulter le fait que la sensibilité des plantes à la lumière dépasse largement la fonction d'un œil. En effet, la réception de la lumière et sa discrimination est probablement infiniment plus déterminante pour la vie des plantes que pour l'œil humain (il en est probablement de même pour de nombreux animaux) dont le rôle premier est l'orientation dans l'espace. Si un humain peut très bien vivre daltonien, achromate, ou même aveugle, la perception des longueurs d'onde de la lumière est vitale pour les plantes. Elle régule la croissance des tiges et des feuilles, la germination, l'orientation des chloroplastes, la photosynthèse, la floraison, le phototropisme, le photopériodisme, la synthèse de pigments, etc. Enfin, chez les plantes, la sensibilité à la lumière ne sert pas tant à concevoir l'espace, comme chez les animaux, que le temps.

Rapport au temps et temporalité végétale

Les cycles de vie des végétaux : croissance, reproduction, dormance sont fortement influencés par le photopériodisme. Le photopériodisme est la mesure de la longueur des jours qui permet par exemple aux plantes d'anticiper la tombée de la nuit ou de « savoir » quand fleurir au cours de l'année. Les plantes dites « de jours courts » fleurissent quand les journées sont plus courtes qu'une certaine durée, tandis que les plantes dites « de jours longs » fleurissent quand les jours dépassent une certaine durée. En réalité, les plantes ne mesurent pas la longueur du jour, mais les périodes d'obscurité ininterrompues. Les plantes de jours courts sont donc des plantes sensibles à des nuits longues et les plantes de jours longs, des plantes sensibles à des nuits courtes. En les exposant à la lumière pendant la nuit, durant quelques minutes seulement, les premières ne fleurissent plus et la floraison des secondes est déclenchée. Tout comme Darwin avait mis en évidence que la lumière bleue guidait le phototropisme grâce aux bourgeons, des scientifiques qui ont étudié le photopériodisme ont mis en évidence que seule la lumière rouge servait aux plantes à mesurer la longueur des nuits. L'iris, plante de jours longs, exposée à une courte période de lumière rouge pendant la nuit, fleurira.

Cette perception de séquences lumineuses est intimement liée à la mémoire (même s'il ne s'agit pas véritablement d'un acte réflexif conscient de souvenir), et par conséquent à la temporalité. La capacité des plantes à discriminer la couleur de la lumière, mais aussi son intensité et sa provenance, intervient aussi dans leur rapport au temps.

Par exemple, le cryptochrome, un photorécepteur commun aux plantes et aux animaux permet la régulation des rythmes circadiens et existait déjà chez les unicellulaires à partir desquels plantes et animaux ont évolué de façon divergente. Par conséquent, une homologie entre la photosensibilité végétale et la vision animale et humaine existe tant au niveau de la structure du mécanisme (cryptochrome) que de la finalité du traitement de la lumière (fonction de gestion des rythmes circadiens). Ainsi, nos yeux aussi nous permettent de mesurer le temps qui passe. De là, on peut avancer l'hypothèse selon laquelle la distinction claire entre perception du temps et perception de l'espace serait le résultat d'une diversification évolutive des organismes à partir d'un socle commun de perception spatio-temporelle moins différenciée. Chez les animaux, le sens de la vue sert désormais principalement à la spatialisation, mais aussi dans une certaine mesure à la temporalisation (à travers les rythmes circadiens) tandis que, chez les plantes, la lumière joue vraisemblablement un rôle temporel aussi déterminant que spatial. Toutefois leur temporalité n'est pas aussi linéaire que celle de l'animal, mais plutôt rythmique en fonction des variations de l'environnement.

La temporalité des végétaux peut être qualifiée de rythmique par opposition à une temporalité linéaire parce que leur métabolisme dépend étroitement des conditions environnementales extérieures, comme l'ensoleillement et la température. Ainsi, un arbre qui perd ses feuilles en hiver ralentit son métabolisme, ce qui contracte son expérience du temps ; de même, celle-ci se dilate au printemps. Les modifications de la temporalité vécue ne sont pas uniquement liées à la température chez les plantes : une période de sécheresse ou de disette peut avoir le même effet. Les végétaux peuvent ralentir leur rythme (parfois presque l'arrêter) pour éviter la mort et attendre des jours meilleurs. Par opposition, un être humain, caractérisé par une expérience principalement linéaire du temps, ne peut pas adapter son métabolisme de la même façon : il est contraint de subir le temps qui passe uniformément (d'un point de vue biologique et non psychologique), même en cas de gel ou de famine qui le précipitent rapidement vers la mort.

Sans doute une différence spécifique fondamentale dans l'expérience du temps vécu tient-elle au fait d'être un animal homéotherme (« à sang chaud ») ou non. Le maintien d'une température constante implique un métabolisme linéaire. Un animal hétérotherme, en revanche, adapte son métabolisme en fonction de son environnement externe ; ce qui implique que sa temporalité n'est pas linéaire, mais rythmique. La frontière entre temps rythmique et temps linéaire n'est pas forcément nette et les deux temporalités coexistent à différents degrés chez la plupart des êtres vivants, par exemple à travers le cycle du sommeil ou l'hibernation. Tous les êtres vivants dépendent d'ailleurs en partie d'une temporalité rythmique à travers les rythmes circadiens.

L'expérience vécue des plantes et des animaux diffère selon leur rapport spécifique au temps. À chaque moment de notre vie, nous pouvons nous figurer la façon dont se déploie notre expérience relativement à l'espérance de vie ou à la longévité maximale de notre espèce. Même si l'animal ne peut se représenter la totalité du temps qu'il lui reste potentiellement à vivre, il en subit, comme nous, les effets biologiques à travers la vieillesse, ce qui modifie aussi inévitablement son vécu. À l'inverse, une plante vivace comme un arbre ne vieillit pas à proprement parler une fois sa maturité sexuelle atteinte. Les arbres ne sont pas affectés par un phénomène de sénescence programmée comme les animaux. En ce sens, leur vie est parfois qualifiée de potentiellement immortelle. La mort n'est pas programmée de manière interne et bornée dans le métabolisme d'un arbre, elle survient de l'extérieur (Lenne, 2014, p. 25). L'arbre, capable de se régénérer, ne meurt jamais de vieillesse, puisqu'il ne vieillit pas, il meurt toujours accidentellement dans la force de l'âge. L'expérience d'une plante vivace ne dépend donc pas d'un rapport à la finitude et à ses effets, mais de conditions relatives à un optimum métabolique.

Perception et réaction des plantes

Selon Uexküll, le temps perceptif est relatif aux unités de temps perceptibles par une espèce donnée : les instants. L'homme peut ainsi percevoir jusqu'à un dix-huitième de seconde. C'est la raison pour laquelle un film doit comporter au moins dix-huit images par seconde pour ne pas être perçu par saccades. Cependant, l'instant perceptible peut seulement être déduit. Par exemple, un animal est stimulé à des vitesses différentes et l'on observe à partir de quand il réagit ou ne réagit plus. Mais ce que l'on mesure est donc davantage la réaction observée que la perception de l'instant en tant que tel, on évalue donc un comportement et non une perception. Il est donc possible qu'un animal perçoive un stimulus en deçà ou au-delà de sa fourchette réactive.

En réalité, c'est le cas chez les animaux, mais aussi chez les végétaux : il existe des phénomènes d'accumulation de stimulus qui débouchent sur une réaction seulement quand un seuil est dépassé. Ces stimulus sont donc perçus sans pour autant induire une réaction (observable) à chaque perception. Toutefois, Uexküll conclut que si l'animal agit, c'est qu'il perçoit et s'il ne réagit pas, c'est qu'il ne perçoit pas. Or, dans les expériences sur les végétaux, il peut y avoir des phénomènes de délai de la réaction suivant une stimulation. Par exemple, si le poil du piège de la dionée enregistre une première excitation, la plante ne se referme pas, ne réagit pas. Pour se refermer, elle attend une seconde stimulation qui doit survenir dans un intervalle de quelques secondes en gardant la première stimulation en mémoire (ce qui lui évite de refermer son piège sur quelque chose de non vivant). Ainsi, les plantes peuvent « percevoir » sans réaction comportementale observable à échelle humaine[32]. Mais selon Uexküll, la réaction est la manifestation « psychique » du comportement d'un sujet, elle ne peut donc pas être assimilée à une réaction biochimique qui serait purement mécanique et difficilement observable. Or le phénomène d'accumulation de stimulations conservées en mémoire en vue d'une réaction différée illustre une certaine irréductibilité mutuelle des aspects psychiques et physiologiques du comportement, même chez les plantes.

Tonalité d'action

Selon Uexküll, la connaissance du milieu est toujours une combinaison de perceptions et d'actions. Ainsi, une image-perception est le plus souvent associée à une image-action. L'image-action est la représentation que nous pouvons nous faire d'une performance impliquée par une perception. Par exemple, pour un humain, voir un fauteuil implique l'action de s'assoir, une tasse celle de boire. Les animaux ne perçoivent généralement que les objets qui présentent une tonalité d'action (ou affordance) dans leur milieu, ce qui explique le degré de certitude de leurs actions. Un milieu plus pauvre en objets amène aussi moins de choix pour l'organisme (Uexküll, 2010, p. 111-112). Par exemple, comme la paramécie (un protiste) se contente de fuir tout ce qu'elle touche, si elle possédait une image-action de ses activités, son milieu serait composé d'objets tous similaires qui porteraient la connotation d'obstacle. Un tel milieu serait d'un très haut degré de certitude. Les conditionnels sont de rigueur, car la typologie axée sur les images-actions proposée par Uexküll met implicitement l'accent sur la notion de représentation relativement à la perception d'objets. Or ce vocabulaire, s'il est entendu dans un sens trop littéral, fait obstacle à la compréhension non représentationnelle du comportement végétal.

---

32. La levée de la dormance des bourgeons des arbres est un exemple plus général d'une réaction entraînée par une accumulation de stimulus, ici de froid. Il faut ainsi à certaines variétés d'abricotier 650 h de température moyenne journalière inférieure à 7,2°C pour débourrer tandis qu'il en faut 1 500 à certains pommiers.

En effet, même si le végétal, tout comme la paramécie, n'est pas doué de représentation, d'images-action, le milieu d'une plante est vraisemblablement plus riche que celui d'un protiste, car elle peut capter une foule de stimulus distincts et y réagir en conséquence selon des performances différentes. Pour paraphraser Uexküll, son monde ne serait pas peuplé d'une multitude d'un seul et même type d'objet. La lumière implique de pousser vers elle, l'humidité de diriger ses racines dans certaines directions, un contact du vent de renforcer sa tige, une attaque de parasite de fabriquer des toxines, etc. Les plantes peuvent même réagir à des stimulus qui nous paraissent extrêmement semblables par des performances différentes. Ainsi un jeune arbre qui reçoit de l'ombre modifiera son mode de croissance (par une stratégie d'évitement de l'ombre) selon que l'origine de l'ombre est un autre arbre (un compétiteur) ou un objet comme une pierre (qui n'est pas un compétiteur). Il en va de même au niveau des racines, puisque nous avons vu précédemment qu'une plante réagira différemment si ses racines entrent en contact avec un obstacle inorganique, avec ses propres racines, celles d'une plante qui lui est apparentée ou les racines d'une plante compétitrice. La blessure physique d'une feuille par une aiguille suscitera une réaction distincte d'une lésion en tout point identique causée par un insecte, parce que la plante est capable de détecter des composés de la salive de ses prédateurs et d'y réagir en conséquence. Le monde des plantes est donc bien moins certain, déterminé, que celui de la paramécie (du moins telle que la concevait Uexküll), car bien plus de possibilités (voire de choix) s'offrent à elles.

Conclusions sur l'éthologie végétale : subjectivité et milieu

Même si Uexküll circonscrit explicitement son propos éthologique à l'animal et à son milieu, plusieurs de ses idées s'adaptent à une certaine conception de la plante. S'il n'existe que peu d'homologies de structures entre les animaux et les végétaux (en dehors des rythmes circadiens), les finalités de la perception semblent au moins en partie se recouper dans la façon dont les organismes donnent sens à leur milieu. Or ce dernier aspect s'est révélé déterminant philosophiquement dans notre enquête biosémiotique, parce qu'un acte comportemental dépend toujours d'une finalité (dont la plus simple relève du besoin).

La fin du livre est le seul moment où Uexküll évoque un être végétal : un chêne. L'auteur envisage d'abord le chêne non pas comme sujet ayant son milieu, mais comme milieu d'autres organismes : le forestier, mais aussi le renard qui s'abrite entre ses racines ou la chouette entre ses branches et « de nombreux sujets animaux » dont une multitude d'insectes. En fait, chaque partie du chêne constitue une partie du milieu d'un animal donné et lui procure une tonalité d'action (support des branches pour le nid, creux des racines pour l'abri, etc.). Mais le milieu animal auquel le végétal demeure associé signifie-t-il que le chêne ne peut être aussi un sujet ?

> Dans les cent différents milieux de ses habitants, le chêne joue en tant qu'objet un rôle des plus variables, avec telle partie ou telle autre. Les mêmes parties sont grandes ou petites. Son bois est dur ou tendre. Il sert pour se protéger ou pour attaquer. Si l'on voulait récapituler toutes les propriétés contradictoires que le chêne présente en tant qu'objet, il en résulterait un chaos. Et pourtant elles ne sont que les parties d'un sujet, en soi solidement structuré, qui supporte et préserve tous les milieux, sans jamais être reconnu de tous les sujets de ces milieux, et ne jamais pouvoir l'être (Uexküll, 2010, p. 161-162).

Ainsi, il serait possible de considérer le végétal comme un sujet, même s'il se présenterait à nous et aux autres animaux avant tout comme un milieu. Dans le cadre dualiste du naturalisme moderne, le végétal est uniquement objet, il se confond avec le décor. Or dans le texte d'Uexküll, si le chêne est à la fois objet, comme le reste du vivant, il est aussi sujet. Uexküll le qualifie explicitement de « sujet solidement structuré ». S'agit-il alors d'un sujet strictement organique ? Cette subjectivité organique qui inclut aussi la plante ne se confond pas pour autant avec du mécanique. Dans les termes de Canguilhem, la spécificité d'un organisme par rapport à une machine : « c'est précisément que sa finalité sous forme de totalité lui est présente et est présente à toutes ses parties » (Canguilhem, 2002, p. 120). La subjectivité en ce sens plus faible serait alors ce qui oriente les finalités et guide l'accomplissement des besoins de n'importe quel organisme (à l'inverse d'une machine programmée qui ne s'adapte et ne se reproduit pas). Cette présence de la finalité comme unificatrice du comportement de l'organisme peut être assimilée à la subjectivité d'Uexküll et ses manifestations sont déductibles de l'étude d'une unité comportementale cohérente. En ce sens, le végétal pourrait être doté d'une subjectivité unifiante en dépit de son manque d'individualité morphologique ou de l'imprécision des limites fonctionnelles de son individualité.

Mais au-delà de cette conception subjective, le végétal est bien un milieu parce qu'il est condition de possibilité de la vie de presque tous les autres organismes qui en dépendent d'une manière ou d'une autre (sujets humains inclus). Son individualité très labile témoigne d'ailleurs de cette adéquation très grande avec le reste du milieu. Plutôt que d'envisager le végétal seulement comme un individu ou un sujet, il serait dès lors souhaitable de l'envisager aussi et avant tout par ses processus et son rôle constitutif des milieux.

Conclusion

Une étude générale du comportement nous apprend que, contrairement à l'idée historiquement reçue de la séparation et de la hiérarchisation des règnes minéral, végétal et animal (au sein duquel l'humain aurait une place de choix), les frontières de ces règnes se chevauchent. Nous savons aujourd'hui que les végétaux sont sensibles et susceptibles de réagir de multiples façons. Le mouvement n'est qu'une des manifestations possibles de ces comportements dans un processus intégrant la sensibilité, le traitement de l'information et une réaction observable. Chez les plantes, les réactions sont souvent liées à la croissance ou à des changements d'état internes.

Selon les expériences récentes, l'ensemble des êtres vivants, y compris les plantes, paraissent partager des facultés de communication, de mémoire, d'apprentissage, voire, selon certains auteurs, de conscience ou d'intelligence. Il ne s'agit pas pour autant de céder à l'anthropomorphisme ni au relativisme d'une indifférenciation des types d'êtres et d'organismes. Les aptitudes dont les plantes témoignent n'existent pas dans le monde inorganique et se déclinent souvent selon une gradation ou des modalités différentes de celles des animaux « supérieurs » et des humains. Il est dès lors abusif d'assimiler le comportement des plantes à celui du comportement passif ou strictement mécanique d'objets du monde physique. Toutes les formes de vie partagent des aptitudes cognitives élémentaires qui se justifient à l'aune de la biologie évolutionniste. Des objectifs communs aux vivants ont pu être sélectionnés et favorisés à travers des aptitudes, voire des structures semblables. Il existe chez les plantes des fonctions convergentes avec celles du cerveau, comme une sensibilité non nerveuse, une mémoire ou un apprentissage de type cellulaire. Mais des aptitudes comportementales analogues ne rendent pas pour autant le comportement des plantes identique à celui des animaux. La perspective végétale induit ainsi d'autres façons de penser les concepts, des décalages par rapport à la tradition naturaliste moderne, des critiques, mais aussi des ouvertures. L'opposition corps-esprit, l'idée que seules certaines espèces seraient capables de cognition ou le fait que certaines facultés (la mémoire, l'apprentissage) renverraient nécessairement à une intériorité avec ses représentations mentales peuvent ainsi être remises en question et entraîner le développement d'approches alternatives du comportement.

Les controverses sur l'étude des comportements des plantes s'inscrivent pourtant le plus souvent dans un cadre épistémologique réductionniste qui a d'ailleurs vraisemblablement entravé la reconnaissance de certaines de leurs aptitudes en raison des conditions de laboratoire très artificielles (Thellier, 2015, p. 73). Le cadre du laboratoire ne doit pas pour autant être systématiquement opposé à des conditions d'observation et d'expérimentation naturelles, comme si elles n'étaient pas elles-mêmes problématiques. L'histoire de la botanique et l'histoire plus récente du behaviorisme montrent que le cadre théorique d'une époque et d'une discipline dicte non seulement la possibilité même des découvertes, mais aussi la formulation des problèmes et des questions qui se posent. Les concepts et les choix théoriques ne sont jamais neutres, ni les questions innocentes, ils peuvent induire des hypothèses ou des résultats nouveaux. Tout comme le cadre mécaniste moderne empêchait de reconnaître une véritable sensibilité chez les plantes, un cadre physiologique trop réductionniste ou artificiel a pu empêcher la reconnaissance de comportements ignorés chez les plantes.

De plus, un comportement strictement biologique (ou végétatif) peut difficilement être isolé d'un niveau comportemental psychique ou cognitif (animal) dans la mesure où même les organismes les plus « simples » sont doués de capacités de mémoire et d'apprentissage. Plus largement, la sensibilité à son environnement et l'aptitude à survivre présupposent chez un être vivant un système de significations élémentaires basé sur des finalités et des valeurs.

Chez les plantes, ce qui a une valeur est à minima ce qui est reconnu comme soi ou non soi et ce qui constitue une menace ou une ressource utile au sein de l'environnement. Ces comportements impliquent l'organisme dans la résolution de ses problèmes et peuvent être interprétés par certains auteurs comme des formes de conscience ou d'intelligence, à condition de les comprendre selon une acception repensée, non anthropomorphique. Des courants récents de la biologie, comme l'écologie comportementale ou la construction de niche, œuvrent dans la même direction en réfléchissant à une meilleure intégration de l'organisme et de son milieu (Hiernaux, 2018b). L'étude du comportement végétal envisagé de manière beaucoup plus systémique, en lien étroit avec son environnement, peut conduire à une vision externalisée de la cognition et de l'esprit, conçus non comme des capacités internes mais comme des propriétés relationnelles. Le comportement végétal amène ainsi à reconsidérer la nature même des rapports des vivants à leur milieu et, ultimement, la théorie de la connaissance humaine. Restons donc attentifs et ouverts à ces possibilités d'évolutions conceptuelles. Elles ouvrent et conditionnent non seulement des expériences scientifiques nouvelles et de potentielles découvertes, mais aussi plus largement notre conception philosophique des plantes, des animaux, des humains et de leur rapport au monde.

Le retranchement d'un niveau psychique du comportement demeure néanmoins possible moyennant une définition de la cognition beaucoup plus stricte, supposant la représentation mentale ou les intentions conscientes. Il s'agit là d'un choix fondamental. Est-on prêt à reconnaître une forme d'autonomie et d'ouverture au monde propres à chaque organisme ou veut-on réserver ce privilège à l'humain et aux animaux dits « supérieurs » ? La question ne peut être simplement résolue scientifiquement. Qu'a-t-on à gagner ou à perdre en reconnaissant une autonomie aux plantes ? D'une part, suivre l'idée d'une cognition végétale revient à se déprendre du poids d'une tradition métaphysique dualiste du corps et de l'esprit, du sujet et de l'objet, où la plante serait passive, inintelligente et de peu de valeur. D'autre part, cela implique de renoncer au réductionnisme méthodologique comme principe tout terrain et d'engager l'étude du comportement dans une forme de pluralisme méthodologique (Cvrcková *et al.*, 2009 ; Cvrcková *et al.*, 2016 ; Hiernaux, 2019). Les controverses demeureront, mais elles sont le moteur même de l'activité scientifique. Si l'enactivisme ou la neurobiologie végétale améliorent notre connaissance du comportement des plantes, des objectifs scientifiques sont atteints. L'enjeu est aussi pragmatique : entre un cadre de pensée cadenassé, historiquement daté et le manque d'ouverture d'esprit qui peut l'accompagner, et un cadre de pensée plus riche permettant de poser de nouvelles hypothèses, d'inventer de nouveaux dispositifs (pour tester de nouvelles modalités d'apprentissage ou de sensibilisation chez les plantes par exemple), n'y a-t-il pas un intérêt heuristique, voire éthique, à prendre le risque de penser autrement ?

Prêter aux plantes, comme nous l'avons fait dans ce livre, un comportement analogue au nôtre, quoique très différent, et tenter d'en comprendre les spécificités par une démarche positive, et non une démarche de dévalorisation ou d'exclusion par rapport aux aptitudes des animaux, peut amener plus de considération pour la vie végétale. Le fait d'admettre qu'une plante est sensible à son environnement, à ses propres intérêts et objectifs vitaux, même sans en être consciente, pourrait contribuer à étendre diverses formes de respect moral et légal sans tomber dans l'idée de souffrance des plantes ou leur sacralisation (Hallé, 1999 ; Hall, 2011 ; Marder, 2013b). La déclaration de la Commission fédérale (suisse) d'éthique pour la biotechnologie dans le domaine non humain (ECNH, 2008) prend spécifiquement en compte la considération morale des plantes dans leur propre intérêt (Pouteau, 2014, 2018). Concéder l'existence d'une sensibilité végétale n'implique pas de plaider en faveur du cri de la carotte en lui reconnaissant des émotions aux dépens du bien-être animal ni de nier toute différence entre ordres ou espèces. Ce que la reconnaissance de cette sensibilité et l'étude des comportements qui y sont associés peuvent nous apprendre, c'est à mieux comprendre et ressentir la diversité de ce qui lie les vivants entre eux.

Discussion

Question. *Je souhaite faire un commentaire sur l'usage de la parcimonie. La parcimonie est une règle qui nous invite à choisir l'explication la plus simple. Et j'ai l'impression que vous la rapprochez du réductionnisme. Or, quand on a découvert la proprioception, c'était sous un impératif de parcimonie. On a fait nombre d'hypothèses et d'expériences avant de parvenir à l'idée que la proprioception était l'hypothèse la plus simple. La parcimonie n'interdit pas de rechercher des capacités plus élaborées lorsqu'un comportement est trop complexe et quand les mécanismes les plus simples ne parviennent pas à l'expliquer.*

Quentin Hiernaux. Cette remarque est très judicieuse et je vous en remercie. En effet, la parcimonie ne doit pas être confondue avec le réductionnisme. Le problème de l'éthologie behavioriste est justement d'avoir considéré à tort que la parcimonie requérait nécessairement une réduction à des schèmes mécanistes du comportement (type réflexe). Or ces derniers s'avèrent parfois moins parcimonieux, tant pour expliquer que pour décrire des comportements, que ne le sont des hypothèses basées sur des processus ou des phénomènes non réductibles comme la proprioception chez les plantes et l'émotion ou les intentions chez des animaux.

Question. *Vous montrez bien qu'il y a des analogies et des différences entre certaines capacités des plantes et celles des animaux supérieurs et des humains, mais les plantes n'ont ni douleur, ni émotions positives ou négatives. Si je dis qu'une plante souffre en cas de sécheresse, c'est par métaphore que je parle de souffrance. Les émotions étant généralement considérées comme indispensables à la conscience (et en particulier à la conscience de soi), n'est-ce pas aussi par métaphore que vous parlez de conscience des plantes ? Or, si l'analogie est une démarche qui permet des hypothèses fructueuses, la métaphore est une figure de rhétorique.*

Quentin Hiernaux. Ceci m'amène à clarifier la différence entre une analogie et une métaphore. En rhétorique, le sens et le rapport de ces termes est plus complexe que ce que j'en dirai ici. Dans le contexte biologique, l'analogie est une comparaison entre deux choses de nature différente à partir d'une fonction, d'une finalité ou d'une structure commune[33], réelle et qui peut être vérifiée expérimentalement. L'analogie n'implique pas l'identité des choses dont elle traite, précisément parce qu'elle porte toujours sur deux choses de nature différente. La métaphore, quant à elle, est une comparaison langagière qui n'implique pas forcément de point commun réel, mais peut se limiter à une vue de l'esprit (une catachrèse par exemple). Parler d'une conscience réflexive de soi de la plante, ou de ses émotions, est de l'ordre de la métaphore, car rien ne permet de l'attester. En revanche, admettre une reconnaissance de soi de la plante, en tant qu'expression d'une forme de conscience spontanée plus complexe qu'une simple sensation est une analogie, dans la mesure où elle renvoie à des mécanismes et des fonctions biologiques démontrables et communes à d'autres formes de vie. Une autre manière de répondre est de considérer que la métaphore part des mots pour décrire quelque chose, tandis que l'analogie part des faits pour y mettre des mots. Toutefois, la frontière n'est pas absolue, car ce qui est au départ une simple métaphore peut se révéler une véritable analogie au fil de la recherche. C'est pourquoi la métaphore a aussi un rôle à jouer, car elle peut orienter la recherche d'analogies véritables à condition d'aller au-delà des mots. Les métaphores peuvent ainsi également rendre plus aisée la communication vers le grand public et être utiles (à condition qu'elles soient étayées). Ainsi, il est plus intriguant et facile à comprendre que les plantes « perçoivent le temps comme nous, mais grâce à une vision sans yeux » pour introduire le sujet des rythmes circadiens, que d'écrire directement que « les mécanismes de la photosensibilité animale et végétale expliquent la régulation des rythmes circadiens par l'homologie structurelle des cryptochromes ». La métaphore peut alors guider vers la compréhension d'un phénomène bien réel. Toutefois, si vous écrivez « Le bruissement des feuilles d'un arbre est le ronronnement de satisfaction de la forêt », la métaphore est au mieux poétique, au pire fallacieuse. Votre question met en évidence la tendance à dissocier le travail de recherche de celui de

---

33. Si la structure est issue d'un héritage évolutif commun, on parlera d'homologie.

communication vers le public, comme si les deux ne devaient pas s'articuler et qu'il existait une rupture. La fracture tient en partie à la diffusion des connaissances souvent relayée par des médias et non par les scientifiques eux-mêmes. Les médias s'en tiennent parfois à la seule métaphore, galvaudée au point de devenir un cliché, alors que les scientifiques qui diffusent correctement leurs recherches introduisent des métaphores pour guider la compréhension d'analogies souvent complexes.

Question. *Ce que l'éthologie et la psychologie cognitive ont appris des animaux, de leur sensibilité, de leurs émotions et des capacités cognitives de certains d'entre eux a fourni des arguments à ceux d'entre nous qui veulent défendre la cause des animaux. D'où l'éthique du bien-être animal et des éthiques qui accordent même aux animaux des droits moraux en fonction de la richesse de leur univers mental. Quelles conséquences éthiques pourrait-on tirer des connaissances nouvelles concernant les formes de sensibilité et les capacités cognitives des plantes ?*

Quentin Hiernaux. Mon travail de recherche consiste précisément à mettre en relation cette question du comportement des plantes et celle de l'éthique du vivant et de l'environnement. Je pense que l'éthique ne devrait pas être sourde ou ignorante de la réalité scientifique des entités dont elle traite. L'éthologie nous a appris à mieux comprendre et considérer les animaux, une étude du comportement végétal devrait en faire de même. Une analyse scientifique et philosophique du comportement des plantes nous apprend aussi qu'il diffère sur bien des points de comportements animaux doués d'émotions et de souffrance. C'est un point important, qui permet de renvoyer dos à dos les éthiques anthropomorphiques des plantes et ceux qui prétendent que le développement d'une considération morale pour les végétaux se ferait au détriment du bien-être animal. En effet, une simple transposition d'une éthique pathocentriste ou utilitariste vers les plantes ne me semble pas judicieuse, dans la mesure où les plantes n'ont à priori ni émotions ni souffrance et qu'elles ne sont pas individualisables comme les animaux. De même, une exclusion pure et simple des plantes de la sphère morale (au soi-disant bénéfice des animaux) est tout aussi problématique au vu de nos connaissances écologiques actuelles et de leurs enjeux. Les formes de sensibilité et les capacités des plantes sont très adaptées à un rapport fixé et autotrophe à leur environnement, ce que l'écologie et l'évolution peuvent d'ailleurs expliquer. L'étude des comportements végétaux contribue dès lors à prendre conscience que l'éthique du vivant devrait davantage intégrer les organismes et leurs rapports au milieu et donc s'intégrer à l'éthique de l'environnement. En effet, les comportements des plantes soulignent d'une façon particulièrement claire que les activités des vivants, surtout autotrophes, ont une influence écologique déterminante et sont donc constitutives des milieux. Ce faisant les végétaux ne sont pas pour autant réductibles à de la matière passive ou à l'abstraction de l'environnement. En tant que vivants, sensibles, capables d'apprendre et de résoudre des problèmes, ils persévèrent dans leur être et peuvent aussi jouer un rôle important dans la communauté des humains et des non-humains (sur le plan culturel, agronomique et écologique), ce qui devrait impliquer une forme de respect et une ouverture à des réflexions juridiques (qui existent d'ailleurs déjà sous diverses formes).

Question. *Dans quelle mesure les neurobiologistes contemporains ont-ils été influencés dans leur réflexion par des travaux d'anthropologues sur les autochtones d'Amérique latine, je pense à Philippe Descola mais plus encore à Eduardo Kohn qui a écrit un livre récemment — Comment pensent les forêts —, qui va beaucoup plus loin sur les plantes et les animaux. Pour les Indiens Runa d'Amazonie, avec lesquels Kohn a travaillé, les plantes et les animaux ont une intentionnalité, ils sont en capacité d'avoir conscience des événements qui se passent autour d'eux et de prendre des décisions en circonstance. Sa définition va au-delà de l'adaptation. Que permet d'apporter ce genre de travaux à la réflexion ?*

Quentin Hiernaux. Cette question est importante dans la mesure où je pense que nous devrions rester ouverts à d'autres cultures plus inclusives à l'égard des plantes. Non pour transposer naïvement leurs manières de penser à nos méthodes scientifiques, mais pour relativiser nos propres conceptions, voire nos préjugés, et pourquoi pas, être amenés à questionner des pratiques scientifiques qui en découlent. Chaque scientifique a ses propres conceptions culturelles et philosophiques et des références extérieures à sa discipline qui inspirent sa pratique, il n'existe pas un corpus anthropologique officiel de la neurobiologie végétale, qui n'est d'ailleurs pas une discipline unifiée, mais bien des affinités textuelles propres à chacun. Cependant, en tant que biologistes, les spécialistes du comportement végétal restent avant tout attentifs à appliquer les méthodes scientifiques rigoureuses de leur communauté. La pratique de la science moderne occidentale n'est pas celle de la culture des Indiens d'Amazonie, le paradigme naturaliste n'est pas celui de l'animisme. Toutefois, en parallèle à la pratique expérimentale des sciences du comportement, un auteur comme Matthew Hall, dans son livre *Plants as Persons*, met explicitement en dialogue les courants anthropologiques que vous évoquez et les travaux de la neurobiologie végétale afin de proposer une conception éthique plus unifiée du monde végétal, qui ne se limite pas à la seule dimension biologique adaptative ou culturelle prise isolément. Même si les plantes n'ont pas d'intentions ou de conscience réflexive du point de vue naturaliste, les données scientifiques seules ne doivent pas nous permettre de régler tous les problèmes, particulièrement en matière d'éthique. En ce sens les travaux que vous mentionnez peuvent nourrir la réflexion. En effet, nos relations aux êtres vivants, plantes comprises, ne se limitent pas, ou ne devraient pas se limiter, à un strict rapport naturaliste de type techno-scientifique.

Références bibliographiques

Afeissa H.-S., Jeangène Vilmer J.-B. (dir.), 2010. *Philosophie animale : différence, responsabilité et communauté*. Paris, Vrin.

Alpi A. *et al.*, 2007. Plant neurobiology: no brain, no gain? *Trends in Plant Science*, 12, 135-136.

Arber A., 2012. *The natural Philosophy of plant form.* Cambridge, MA, Cambridge University Press (1ʳᵉ édition 1950).

Atlan H., 1999. *La fin du tout génétique. Vers de nouveaux paradigmes en biologie*. Versailles, éditions Quæ (Sciences en questions).

Babikova Z., Gilbert L., Bruce T.J.A., Birkett M., Caulfield J.C., Woodcock C., Pickett J.A., Johnson D., 2013. Underground signals carried through common mycelial networks warn neighbouring plants of aphid attack. *Ecology letters*, 16, 835-843.

Backster C., 2014. *L'intelligence émotionnelle des plantes*. Paris, Trédaniel (1ʳᵉ édition 1966).

Baldwin I.T., Schultz J.C., 1983. Rapid changes in tree leaf chemistry induced by damage: evidence for communication between plants. *Science*, 221, 227-279.

Baldwin I.T., Halitschke R., Paschold A., von Dahl C.C., Preston C.A., 2006. Volatile signaling in plant-plant interactions: 'talking trees' in the genomics era. *Science*, 311(5762), 812-815.

Baluška F., Mancuso S., Volkmann D. (eds), 2006. *Communication in plants: neuronal aspects of plant life*. New York-Berlin, Springer.

Barlow P.W., 2008. Reflections on 'plant neurobiology'. *BioSystems*, 92(2), 132-147.

Bastien R., Bohr T., Moulia B., Douady, S., 2013. Unifying model of shoot gravitropism reveals proprioception as a central feature of posture control in plants. *Proceedings of the National Academy of Sciences of the United States of America*, 110(2), 755-760.

Bernier G., 2013. *Darwin un pionnier de la physiologie végétale. L'apport de son fils Francis.* Bruxelles, Académie royale de Belgique.

Boscowitz A., 1867. *L'âme de la plante*. Paris, Ducrocq.

Bourgeade P., Boyer N., De Jaegher G., Gaspar T., 1989. Carry-over of thigmomorphogenetic characteristics in calli derived from *Bryonia dioica* internodes. *Plant Cell, Tissue and Organ Culture*, 19, 199-211.

Bournérias M., Bock C., 2006. *Le génie des végétaux. Des conquérants fragiles*. Paris, Belin.

Braam J., Davis R.W., 1990. Rain-induced, wind-induced, and touch-induced expression of calmodulin and calmodulin related genes in Arabidopsis. *Cell*, 60, 357-364.

Brenner E.D., Stahlberg R., Mancuso S., Vivanco J., Baluška F. & Volkenburg E., 2006. Plant neurobiology: An integrated view of plant signalling. *Trends in Plant Sciences*, 11, 413-449.

Brenner E.D., Stahlberg R., Mancuso S., Baluška F., van Volkenburgh E., 2007. Response to Alpi *et al.*: Plant neurobiology: The gain is more than the name. *Trends in Plant Science*, 12(7), 285-286.

Burgat F., 2006. *Liberté et inquiétude de la vie animale*. Paris, Kimé.

Burgat F. (dir.), 2010. *Penser le comportement animal*. Versailles, éditions Quæ.

Cahill J.F., 2015. Introduction to the special issue: Beyond traits: Integrating behaviour into plant ecology and biology. *AoB PLANTS*, 7: plv120

Calvo P., 2016. The Philosophy of Plant Neurobiology: a manifesto. *Synthese*, 193(5), 1323-1343.

Calvo P. et Baluška F., 2015. Conditions for minimal intelligence accross Eukaryota: a cognitive science perspective. *Frontiers in Psychology*, 6, 1329.

Calvo P. et Trewavas A., 2020. Physiology and the (Neuro)biology of Plant Behavior: A Farewell to Arms. *Trends in Plant Science*, doi:10.1016/j.tplants.2019.12.016 .

Canguilhem G., 1965. *La formation du concept de réflexe aux XVIIe et XVIIIe siècles*. Paris, PUF.

Canguilhem G., 2002. Le problème des régulations dans l'organisme et dans la société. In : *Écrits sur la médecine*. Paris, Seuil.

Canguilhem G., 2015. *La connaissance de la vie*. Paris, Vrin.

Cesalpino A., 1583. *De plantis libri*. Florentia, Georgium Marescottum.

Chamovitz D., 2014. *La plante et ses sens*, trad. fr. Oriol J. Paris, Buchet Chastel.

Churchland P.S., 1986. *Neurophilosophy: Toward a unified science of the mind-brain*. Cambridge, MA, MIT Press.

Churchland P.S., 2002. *Brain-wise: Studies in neurophilosophy*. Cambridge, MA, MIT Press.

Clarke E., 2010. The problem of biological individuality. *Biol Theory,* 5(4), 312-325.

Clarke E., 2012. Plant individuality: a solution to the demographer's dilemma. *Biology and Philosophy*, 27, 321-361.

Coccia E., 2016. *La vie des plantes, une métaphysique du mélange*. Paris, Rivages.

Corbin A., 2014. *La douceur de l'ombre. L'arbre source d'émotions, de l'Antiquité à nos jours*. Paris, Flammarion.

Cvrcková F., Lipavská H. and Žárský V., 2009. Plant intelligence: why, why not or where? *Plant Signal. Behav.*, 4, 394-399.

Cvrcková F., Žárský V. and Markoš A., 2016. Plant Studies May Lead Us to Rethink the Concept of Behavior. *Front. Psychol.*, 7, 622.

Darwin C., Darwin F., 1880. *The power of movement in plants*. London, John Murray.

Delaporte F., 2011. *Le second règne de la nature*. Paris, Éditions des archives contemporaines (1re édition 1979).

Delattre A., 2019. Le koudou et l'accacia : histoire et analyse critique d'une anecdote. *Tela Botanica*, <https://www.tela-botanica.org/2019/03/le-koudou-et-lacacia-histoire-et-analyse-critique-dune-anecdote/ > (consulté le 27 janvier 2020).

Descola P., 2005. *Par-delà nature et culture*. Paris, Gallimard.

Despret V., 2002. *Quand le loup habitera avec l'agneau*. Paris, Seuil.

Despret V., 2009. *Penser comme un rat*. Versailles, éditions Quæ (Sciences en questions).

Despret V., 2014. *Que nous diraient les animaux si... on leur posait les bonnes questions ?* Paris, La Découverte.

Dicke M., Bruin J., 2001. Chemical information transfer between plants: Back to the future. *Biochemical Systematics and Ecology*, 29, 981-994.

Drénou C., 2006. *Les racines : face cachée des arbres*. Paris, Institut pour le développement forestier.

Dretske F., 1988. *Explaining Behavior*. Cambridge, London, MIT Press.

Drouin J.-M., 2008. *L'herbier des philosophes*. Paris, Seuil.

Dumais J., 2013. Beyond the sine law of plant gravitropism. *Proceedings of the National Academy of Sciences of the United States of America*, 110(2), 391-392.

Errera L., 1910. *Recueil d'œuvres. Physiologie générale, Philosophie*. Bruxelles, Lamertin.

Federal Ethics Committee on Non-Human Biotechnology (ECNH), 2008. The dignity of living beings with regards to plants. Moral consideration of plants for their own sake. En ligne, <https://www.ekah.admin.ch/inhalte/_migrated/content_uploads/e-Broschure-Wurde-Pflanze-2008.pdf > (consulté le 27 janvier 2020).

Firn R., 2004. Plant intelligence: an alternative point of view. *Annals of Botany*, 93, 345-351.

Fox Keller E., 1999. *La passion du vivant. La vie et l'œuvre de Barbara McClintock/prix Nobel de médecine*. Paris, Sanofi-Synthélabo.

Gagliano M., 2015. In a green frame of mind: perspectives on the behavioural ecology and cognitive nature of plants. *AoB PLANTS*, 7: plu075; doi:10.1093/aobpla/plu075 .

Gagliano M., Renton M., Depczynski M., Mancuso S., 2014. Experience teaches plants to learn faster and forget slower in environments where it matters. *Oecologia*, 175(1):63-72.

Gagliano M., Vyazovskiy V.V., Borbély A.A., Grimonprez M., Depczynski M., 2016. Learning by association in plants. *Scientific Reports*, 6: 38427.

Garbaye J., 2013. *La symbiose mycorhizienne*. Versailles, éditions Quæ.

Gerber S., 2018. An herbiary of plant individuality. PTPBio. *Philosophy, Theory, and Practice in Biology*, 10(5), 1-5, doi:10.3998/ptpbio.16039257.0010.005 .

Gibson J.J., 2014. *Approche écologique de la perception visuelle*. Trad. fr. Putois O. Bellevaux, Éditions Dehors (1re édition 1979).

Godfrey-Smith P., 2016. Individuation, subjectivity and minimal cognition. *Biology and Philosophy*, 31(6), 775-796.

Gould S.J., 2001. *L'éventail du vivant*. Paris, Seuil.

Greene E.L., 1909. *Landmarks of Botanical History I*. Washington, Smithsonian Institution.

Gruntman M., Novoplansky A., 2004. Physiologically mediated self/non-self discrimination in roots. *Proceedings of the National Academy of Sciences USA*, 101, 3863-3867.

Hall M., 2011. *Plants as Persons: a Philosophical Botany*. Albany, NY, State University of New York Press.

Hallé F., 1999. *Éloge de la plante : pour une nouvelle biologie*. Paris, Seuil.

Hegel G.W.F., 2004. *Philosophie de la nature*. Trad. fr. Bourgeois B. Paris, Vrin (1ʳᵉ éd. 1817).

Heidegger M., 1992. *Les concepts fondamentaux de la métaphysique* (1929-1930). Paris, Gallimard.

Heil M., Silva Bueno J.C., 2007. Within-plant signalling by volatiles leads to induction and priming of an indirect plant defense in nature. *Proceedings of the National Academy of Sciences of the United States of America*, 104, 5467-5472.

Hiernaux Q., 2018a. Végétal. In : Bourg D. et Papaux A. (dir.). *Dictionnaire de la pensée écologique*, <https://lapenseeecologique.com/vegetal-ecologie-philosophie-et-ethique/ > (consulté le 27 janvier 2020).

Hiernaux Q., 2018b. Biologie et mésologie : une perspective végétale. In : Llored J.-P., Augendre M. et Nussaume Y. (dir.). *Actes du colloque de Cerisy : La mésologie, un autre paradigme pour l'anthropocène*. Paris, Hermann, 299-306.

Hiernaux Q., 2019. History and epistemology of plant behavior: a pluralistic view? *Synthese, special issue on the biology of behaviour: explanatory pluralism across the life sciences*, published online July 2ⁿᵈ. doi:10.1007/s11229-019-02303-9 .

Hodge A., 2009. Root decisions. *Plant, Cell and Environment*, 32(6), 628-640.

Holopainen J.K., Blande J.D., 2012. Molecular Plant Volatile Communication. In : López-Larrea C. (dir.). *Sensing in Nature*. New York, Austin, Springer Science and Business Media: Landes Bioscience.

Jacob F., 1981. *Le jeu des possibles*. Paris, Fayard.

Jonas H., 2001. *Le phénomène de la vie. Vers une biologie philosophique*. Trad. fr. Lories D. Louvain-la-Neuve, De Boek.

Karban R., Yang L.H., Edwards K.F., 2014. Volatile Communication between Plants That Affects Herbivory: A Meta-Analysis. *Ecology Letters* 17(1), 44-52.

Kawecki T.J., 2010. Evolutionary ecology of learning: insights from fruit flies. *Popul. Ecol.*, 52, 15-25.

Kelly C.K., 1992. Ressource Choice in Cuscuta europea. *PNAS*, 89, 12194-12197.

Lalande A., 1996. *Vocabulaire technique et critique de la philosophie*. Paris, PUF.

La Mettrie J. Offray de, 2003. *L'homme-plante*. Paris, le Corridor bleu (1ʳᵉ édition 1748).

Lapidge, K.L., Oldroyd, B.P., Spivak M., 2002. Seven suggestive quantitative trait loci influence hygienic behavior of honey bees. *Naturwissenschaften*, 89, 565-568.

Larousse P., 2002. *Le Petit Larousse illustré*. Paris, Larousse.

Legg S, Hunter M., 2007. A collection of definitions of intelligence. *Frontiers in Artificial Intelligence and Applications*, 157, 2007, 17-24.

Le Neindre P., Dunier M., Larrère R., Prunet P. (ed.). *La conscience des animaux*. Versailles, éditions Quæ, 2018.

Lenne C., 2014. *Dans la peau d'une plante*. Paris, Belin.

Linné C., 2005. *Fondements botaniques, qui, comme Prodrome à de plus amples travaux livrent la théorie de la science botanique par brefs aphorismes*. Trad. fr. Dubos G. et Hoquet T. Paris, Vuibert (1ʳᵉ édition 1736).

Lovejoy A., 1964. *The Great Chain of Being: A Study of the History of an Idea*. Cambridge, MA, Harvard University Press (1ʳᵉ édition 1936).

Magnin-Gonze J., 2009. *Histoire de la botanique*. Paris, Delachaux et Niestlé.

Mahall B.E., Callaway R.M., 1991. Root communication among desert shrubs, *Proceedings of the national Academy of Sciences USA*, 88, 874-876.

Mahall B.E., Callaway R.M., 1992. Root communication mechanisms and intracommunity distributions of two Mojave desert shrubs. *Ecology*, 73, 2145-2151.

Mahall B.E., Callaway R.M., 1996. Effects of Regional Origin and Genotype on Intraspecific Root Communication in the Desert Shrub Ambrosia dumosa (Asteraceae). *American Journal of Botany*, 83, 93-98.

Maher C., 2017. *Plant Minds: A philosophical Defense*. New York, Routledge.

Mancuso S., Viola A., 2015. *Brilliant Green. The surprising History and Science of Plant Intelligence*. Trad. Benham J. Washington DC, Island Press.

Marder M., 2012. Plant intentionality and the phenomenological framework of plant intelligence, *Plant Signaling & Behavior*, 7(11), 1-8.

Marder M., 2013a. *Plant-Thinking a Philosophy of Vegetal Life*. New York, Columbia University Press.

Marder M., 2013b. Is it ethical to eat plants? *Parallax*, 19(1), 29-37.

Margulis L., Sagan D., 1995. *What is life?* London, Weidenfield and Nicolson Ltd.

Michaelian K., Sutton J., 2017. Memory. In : Zalta E.N. (ed.). *The Stanford Encyclopedia of Philosophy* (Summer 2017 Edition), <https://plato.stanford.edu/archives/sum2017/entries/memory/   > (consulté le 27 janvier 2020).

Miller E.P., 2002. *The Vegetative Soul: From Philosophy of Nature to Subjectivity in the Feminine*. Albany, NY, State University of New York Press.

Morgan C.L., 1894. *An Introduction to Comparative Psychology*. Londres, W. Scott.

Myers N., 2015. Conversations on Plant Sensing: Notes from the Field. *Nature Culture*, 3, 35-66.

Okano H., Hirano T., Balaban E., 2000. Learning and memory. *Proc. Natl. Acad. Sci.* USA, 97(23), 12403-12404.

Pelt J.-M., 1996. *Les langages secrets de la nature la communication chez les animaux et les plantes*. Paris, Fayard.

Pieron J., 2009. De l'analytique existentiale à la zoologie privative : le problème de la différence anthropologique et l'amorce du « tournant ». *Alter revue de phénoménologie*, 19, 195-212.

Pieron J., 2010. Monadologie et/ou constructivisme ? Heidegger, Deleuze, Uexküll. *Bulletin d'analyse phénoménologique*, 6(2), 86-117.

Pollan M., 2013. The intelligent Plant. The New-Yorker, December 23,   <http://www.newyorker.com/reporting/2013/12/23/131223fa_fact_pollan?currentPage=all > (consulté le 27 janvier 2020).

Pouteau S., 2014. Beyond « second animal »: Making sense of plant ethics. *Journal of Agricultural and Environmental Ethics*, 27(1), 1-25.

Pouteau S., 2018. Plants as open beings: from aesthetics to plant-human ethics. In : Kalhoff A., Di Paola M. et Schörgenhumer M. (dir). *Plant Ethics: Concepts and applications*. London, New York, Routledge, 82-97.

Pradeu T., 2009. *Les Limites du soi : Immunologie et identité biologique*. Montréal, Presses de l'Université de Montréal ; Paris, Vrin.

Proust J., 2003. *Les animaux pensent-ils ?* Paris, Bayard.

Raven P., Evert R., Eichorn S., 2014. *Biologie végétale*, 3ᵉ éd. Trad. fr. Bouharmont J. Bruxelles, De Boeck.

Rhoades D.F., 1983. Response of alder and willow to attack by tent caterpillars and webworms: evidence for pheromonal sensitivity of willows. In : Hedin P.A. (dir.). *Plant Resistance to Insects*. Washington DC, American Chemical Society, 55-56.

Rothenbuhler W.C., 1964. Behavior Genetics of Nest Cleaning in Honey Bees. IV. Responses of F1 and Backcross Generations to Disease-Killed Blood. *American Zoologist*, 45, 111-123.

Rowlands M., 2010. *The new science of the mind. From extended mind to embodied phenomenology*. Cambridge, MA, MIT Press.

Sachs J. von, 1892. *Histoire de la botanique (1530-1860)*. Trad. fr. de Varigny H. Paris, Reinwald et cie.

Schulze et Mooney, 1994. *Biodiversity and Ecosystem function*. Berlin, Springer Verlag.

Selosse M.-A., 2017. *Jamais seuls*. Arles, Actes Sud.

Selosse M.-A., Richard F., Courty P.-E., 2007. Plantes et champignons : l'alliance vitale. *La Recherche*, 441, 58-61.

Silvertown J., Gordon D.M., 1989. A Framework for Plant Behavior. *Annual Review of Ecology and Systematics*, 20, 349-366.

Simondon G., 2004. *Deux leçons sur l'animal et l'homme* (1963-1964). Paris, Ellipses (1re édition 1964).

Singer P., 2012. *La Libération animale*. Trad. fr. Rousselle L. et Olivier D. Paris, Payot.

Song Y.Y., Zeng R.S., Xu J.F., Li J., Shen X., Yihdego W.G., 2010. Interplant communication of tomato plants through underground common mycorrhizal networks. *PLOS ONE*, 5(10).

Staddon J., 1983. *Adaptative behaviour and Learning*. Cambridge, MA, Cambridge University Press.

Stenhouse D., 1974. *The Evolution of Intelligence: A General Theory and Some of its Implications*. London, George Allen and Unwin.

Sternberg R., Sternberg K., 2017. *Cognitive psychology, 7th edition*. Boston, MA, Cengage Learning.

Stone C., 1972. Should trees have standing? Towards legal right for natural objects. *Southern California Law Review*, 45, 450-501.

Struik P.C., Yin X., Meinke H., 2008. Plant neurobiology and green plant intelligence, science, metaphors and nonsense. *Journal of the Science of Food and Agriculture*, 88, 363-370.

Sultan S.E., 2015. *Organism and Environment*. Oxford, UK, Oxford University Press.

Taiz L., Alkon D., Draguhn A., Murphy A., Blatt M., Hawes C., Thiel G., Robinson D., 2019. Plants Neither Possess nor Require Consciousness. *Trends in Plant Science*, 24(8), 677-687.

Tassin J., 2016. *À quoi pensent les plantes ?* Paris, Odile Jacob.

Thellier M., 2015. *Les plantes ont-elles une mémoire ?* Versailles, éditions Quæ.

Théophraste, 2010. *Recherches sur les plantes : à l'origine de la botanique*. Paris, Belin.

Théophraste, 2012. *Les causes des phénomènes végétaux*. Paris, Les Belles Lettres.

Thompson E., 2007. *Mind in Life*. Cambridge, MA, Belknap.

Trewavas A., 2002. Mindless mastery. *Nature*, 415(6874), 841.

Trewavas A., 2003. Aspects of plant intelligence. *Annals of Botany*, 92, 1-20.

Trewavas A., 2004. Aspects of plant intelligence: an answer to Firn. *Annals of Botany*, 93, 353-357.

Trewavas A., 2005. Green Plants as Intelligent Organisms. Trends in Plant Sciences, 10(9), 413-419.

Trewavas A., 2014. *Plant Behaviour and Intelligence*. Oxford, UK, Oxford University Press.

Tulving E., 1985. How many memory systems are there? *American Psychologist*, 40, 385-398.

Turgeon R., Webb J.A., 1971. Growth inhibition by mechanical stress. *Science*, 174, 961-962.

Turkington R. and Harper J.L., 1979. The growth, distribution and neighbour relationships of Trifolium repens in a permanent pasture. IV. Fine scale differentiation. *Journal of Ecology*, 67, 245-254.

Uexküll J. von, 1909. *Umwelt und Innenwelt der Tiere*. Berlin, J. Springer.

Uexküll J. von, 1984. *Mondes animaux et mondes humains*. Trad. fr. Muller P. Paris, Denoël (1re édition 1934).

Uexküll J. von, 2010. *Milieu animal et milieu humain*. Trad. fr. Freville C.-M. Paris, Payot et Rivages (1re édition 1934).

Van Duijn M., Keijzer F., Franken D., 2006. Principles of minimal cognition: casting cognition as sensorimotor coordination. *International Society for Adaptive Behavior*, 14(2), 157-170.

Wilkins M.B., 1995. Are plants intelligent? In : P. Day et Catlow C. (dir.). *Bicycling to Utopia*. Oxford, UK, Oxford University Press.

Witzany G., 2008. The biosemiotics of plant communication. *The American Journal of Semiotics*, 24(1-3), 39-56.

Xiong T.-C., Bourque S., Mazars C., Pugin A., Ranjeva R., 2006. Signalisation calcique cytosolique et nucléaire et réponses des plantes aux stimulus biotiques et abiotiques. *Médecine/Sciences*, 22(12), 1025-1028.

*
**

Retrouvez nos ouvrages parus dans la même collection sur https://www.quae.com/collection/14/sciences-en-questions .

Dépôt légal : mai 2020
Imprimé pour vous par Books on Demand (Allemagne)